GREEN+
绿+设计系列丛书

私家庭院

植物景观设计实例完全图解

Complete Illustration Of Plant Landscape Design

本书编委会　编著

高亦珂　主审

U0299146

机械工业出版社
CHINA MACHINE PRESS

随着国家大力发展城市景观，植物在环境绿化中的作用也日益明显。植物景观设计是具有生命和活力的二次创造的过程，用具有生命的植物来搭配和装点硬质景观已经成为一种流行趋势，植物景观设计也成为城市绿化工程的重要环节。

本系列丛书按照不同的空间性质分为城市公共空间、城市住宅区和私家庭院3本，不同的空间性质所营造的氛围和需要达到的效果是不一样的。本书针对当下流行和比较成熟的私家庭院景观设计案例，介绍各种植物设计节点的乔木、灌木、地被配置特点，分析各类型园林中常用景观植物的生态学和应用特性。

本书是景观及相关专业师生的教学辅助用书，也是景观设计师所需的植物景观设计素材实例一手资料，更可以为项目决策者和业主提供参考。

图书在版编目(CIP)数据

私家庭院植物景观设计实例完全图解 / 《私家庭院植物景观设计实例完全图解》编委会编著. --北京 ： 机械工业出版社,2016.6

（绿+设计系列丛书）

ISBN 978-7-111-53879-0

Ⅰ. ①私⋯ Ⅱ.①私⋯ Ⅲ. ①庭院－园林植物-景观设计-图解 Ⅳ. ①TU986.2-64

中国版本图书馆CIP数据核字(2016)第113630号

机械工业出版社 （北京市百万庄大街22号　邮政编码100037）

策划编辑：时　颂　　责任编辑：时　颂

责任校对：白秀君　　封面设计：陈秋娣

责任印制：乔　宇

保定市中画美凯印刷有限公司印刷

2016年7月第1版　第1次印刷

210 mm×285 mm · 10印张 · 246千字

标准书号：ISBN 978-7-111-53879-0

定价：65.00元

前言

　　植物学是一门独立的学科，但是无论我们是否学过这门专业，相信我们每个人在生活中都接触过植物，也都能说出几种植物名称来，就算没有自己的花园，大家也会在家中露台摆上几盆植物，可见植物和我们的生活是密切相关的。

　　按用途可将植物分为两类，一类是用于公共区域，一类是用于家庭，主要以私家庭院为主。我本人做庭院设计有10年的经历，所以对庭院植物方面有自己的浅见。好的庭院效果一定是有一个好的植物搭配，植物是庭院的软装，缺少了植物，庭院的硬景做得再好，效果最多能达到七成。但是，虽然植物对于庭院的效果至关重要，也不是说庭院里植物栽得越多越名贵越好，需要和硬景搭配得相得益彰，才能使得整体效果得到升华。比如凉亭、廊架的旁边如果不栽树木，可能会让这些硬景有点突兀和呆板；水景驳岸旁边如果缺少植物则显得生硬缺少柔美；弯曲的小路在拐弯处如能搭配一棵树木，可以让小路更加通幽等，这些配置方法如果使用得当，庭院的效果一定不会差。

　　我们在实际接触中，会发现庭院客户对花园里植物的要求截然相反，一类客户会要求尽量多栽植物，多铺草坪，少点硬质地面；而另一类客户会要求尽量少栽植物，特别是草坪，尽量多些硬质地面。一般前一类客户都是初次搬入别墅拥有自己的花园，远离城市中的混凝土森林，当然希望能多一点绿化；而后一类客户多是已经在别墅中入住了一段时间，觉得绿化多了，不容易打理，夏天滋生蚊虫，尤其是草坪会疯长需要常修剪。所以不同的客户根据自身经历会有不同的要求。

　　根据我们的实践经验来看，200m² 以内的小花园，植物搭配尽量按照"适可而止、少就是多"的原则，求精不求多，硬装地面可以稍微多点，这样院子会比较干净、清爽、易打理，因为200m² 以内的花园一般都是紧靠着建筑，间距不会太大，所以植物多了会显得拥挤，等树木长大了，会让花园空间显得压抑。而超过三四百平方米以上的花园，则有条件多做草坪，另外乔木、灌木尽量配置在草坪的外围，让庭院显得开阔。

　　植物固然是美化了庭院景观，但是目前有两个痛点摆在我们的面前，一是大环境问题，比如雾霾、总体环境卫生等，夏天植物多了的确容易滋生蚊虫，可能会觉得花园很美可能不敢出门；二是我们的国人对植物养护知识和动手能力的缺乏，也会造成心有余而力不足的情况，市场上又缺少专业的庭院养护公司，最后花园的植物越来越不可控。所以我们设计师和客户在做庭院植物设计时，考虑到以上两点情况再结合自身需求，我相信这样的方案会更加适合自己。从大环境来看，我们还是希望每个庭院都充满了绿色，这样我们的居住环境才能更加健康，我们需要做得就是多花一点时间给花草植物。

——京品庭院设计总监　蔡志兵

植物景观设计实例完全图解

目录
私家庭院
Contents

前言

第一章 景观植物类别

景观植物是指应用于绿化、美化城市环境和乡村环境的植物。它们形态千变万化，色彩缤纷多彩，种类多不胜数，却有一个相同的特点，那就是对环境美化具有较高的价值。有的植物通过颜色，有的植物通过形态，有的植物通过香味，为营造一个舒适、美丽的环境奉献出其宝贵的价值。景观植物通过体量形态可以分为乔木植物、灌木植物、草本花卉植物、藤本植物、草坪及地被植物等；通过其观赏部位，又可以分为观花植物、观叶植物、观果植物、香料植物等。景观植物因为种类繁多、数量庞大、特点丰富，依据不同的标准可以分为多种类型。这里仅根据一般分类标准，详细介绍乔木、灌木等5个类别的园林植物。

第一节 乔木植物

◉ 定义：乔木是指树身高大的树木，由根部发出独立的主干，树干和树冠有明显区分。有一个直立主干，通常高度达到6m至数十米的木本植物称为乔木。其往往树体高大，具有明显的高大主干。又可依其高度而分为伟乔（31m以上）、大乔（21～30m）、中乔（11～20m）、小乔（6～10m）四个等级。

◉ 形态：乔木植物一般比较高大，其主干突出，树形高大，常见自然树形有伞状树形、广卵树形、塔状树形、扁头树形等。根据园林绿化的需要，也会有一些人工修剪的树形。

◉ 类型：常绿乔木与落叶乔木，针叶乔木与阔叶乔木等。

1. 常绿乔木与落叶乔木

◉ 常绿乔木：是指终年具有绿叶且株形较大的木本植物，这类植物叶的寿命是两年或更长时间，而且每年都有新叶长出，在新叶长出的时候也有部分旧叶脱落。由于是陆续更新，所以终年能够保持常绿。常绿乔木由于其终年常绿，叶色鲜艳，与其他类型植物搭配栽植具有较高的观赏价值，是绿化和美化环境的主体植物。

因地域、气候等因素的不同，不同地方的常绿乔木也不尽相同，下表简单列举几种常见的常绿乔木。

序号	植物名称 科、属	植物习性	配置手法	色彩	观赏期
1	油杉 松科 油杉属	阳性树种，喜光，喜暖湿气候，夏季需短期遮荫，耐干旱、瘠薄	可于寺庙或风景区栽植	绿色	全年
2	大叶南洋杉 南洋杉科 南洋杉属	不耐寒	可孤植或列植于公园及风景区	绿色	全年
3	马尾松 松科 松属	阳性树种，喜光，喜温暖气候，不耐盐碱，怕水涝	适合在庭院中、凉亭旁或假山之间孤植	绿色	全年
4	樟树 樟科 樟属	喜光，喜温暖，稍耐荫，不太耐寒，较耐水湿，不耐干旱、瘠薄和盐碱土	较常用作行道树，树形优美，可孤植于草坪，可配植于水边、池边，也可在草地中丛植、群植、孤植或作为背景树	绿色	全年
5	柠檬桉 桃金娘科 桉树属	阳性树种，喜光，喜温暖湿润气候，耐干旱	可列植于庭前或栽植在公园、风景区等地	绿色	全年
6	白千层 桃金娘科 白千层属	阴性树种，喜温暖潮湿环境，耐干旱、高温及瘠薄	可作屏障树或行道树，也可栽植于公园	绿色，花盛开时为白色	全年

序号	植物名称 科、属	植物习性	配置手法	色彩	观赏期
7	垂枝红千层 桃金娘科 红千层属	中性树种，日照充足时生长更茂盛，耐热、耐旱、耐荫，大树不易移植	可用作行道树栽植于路旁，也可作为观赏树栽植于小区和公园内。搭配灌木，效果更佳	绿色，花盛开时为绯红色	全年 花期 5～9月
8	蒲桃 桃金娘科 蒲桃属	热带树种，喜温暖气候，耐水湿	可栽植于水边，也可栽植于公园或小区内作观赏树	绿色	全年
9	秋枫 大戟科 秋枫属	喜阳、喜温暖气候，稍耐荫，较耐水湿	适宜作庭院树和行道树种植，也可以在草坪、湖畔等地栽植，景观效果较好	绿色	全年
10	台湾相思树 含羞草科 金合欢属	喜温暖气候，喜光，对土壤要求不高，较耐瘠薄、干旱、耐半荫	可列植，用作道路绿化。大树可孤植于庭院，景观效果佳	绿色，盛花期时花色为金黄色	全年
11	雪松 松科 雪松属	喜阳光充足的环境，喜温和凉爽的气候，稍耐荫	雪松是世界著名的庭院观赏树种之一，树形高大挺拔优美，四季常青，适宜孤植于草坪中央，也可对植、列植于广场和主体建筑物旁	绿色	全年
12	华北云杉 松科 云杉属	喜温凉气候，喜湿润肥沃土壤，耐荫，适应性较强	华北云杉又被称为青扦，是常绿树种。华北云杉对环境的适应性较强，树形又美观，树冠茂密，是园林绿化的优良树种之一	绿色	全年
13	罗汉松 罗汉松科 罗汉松属	喜温暖湿润气候，耐寒性弱，耐荫，对土壤适应性强	树形优美，是孤赏树、庭院树的好选择。可在门前对植，或者孤植于中庭，也可与假山、湖石搭配种植，同时也是优良的盆栽材料	绿色	全年
14	白皮松 松科 松属	喜光树种，喜温凉气候，喜肥沃深厚的土层，耐瘠薄和干冷，是中国特有树种	白皮松是常绿针叶树种，老树树皮灰白色，其树干色彩和形态比较有特色，树形优美，是美化园林的优良树种之一。白皮松在园林绿化中的应用比较广泛，可以孤植于庭院或草坪中央，也可以对植于门前，丛植片植成林，或者列植于城市道路两旁作为行道树种	绿色	全年
15	龙柏 柏科 圆柏属	喜阳，喜温暖湿润的环境，稍耐荫，耐干旱，忌积水	可孤植、列植或群植于庭院，由于其耐修剪，可经整形修剪成圆球形、半球形等各式形状后栽植	绿色	全年
16	油松 松科 松属	阳性树种，喜光，喜排水良好的深厚土层，耐寒，抗风，抗瘠薄，是中国特有树种	油松为常绿针叶树种，树形挺拔高大，适宜栽植在道路两旁作为行道树种	绿色	全年
17	五针松 松科 松属	喜光，喜温暖湿润的环境，不耐积水	五针松植株较低矮，树形优美、古朴，姿态有韵味，也是制作盆景的良好材料	绿色	全年
18	侧柏 柏科 侧柏属	喜光，对环境的适应能力强，对土壤的要求不高，较耐荫，耐干旱瘠薄，耐高温，稍耐寒	侧柏为常绿树种，也是北京市的市树，寿命长，常有百年侧柏古树，观赏及文化价值较高。侧柏在中式造园中有着重要的作用和地位。可栽植于凉亭旁、假山后、大门两侧、花坛和墙边。配植于草坪、林下和山石间可以增加景观绿化的层次，颇具美感	绿色	全年
19	女贞 木犀科 女贞属	喜光，喜温暖湿润气候，耐寒，耐荫，耐水湿	女贞四季常青，枝繁叶茂，可孤植、丛植于庭院，也可做行道树栽植于道路两旁	绿色	全年
20	圆柏 柏科 圆柏属	喜光，喜温凉气候，喜湿润深厚的土层，耐寒，耐热，稍耐荫	圆柏树形优美，姿态奇特，是中国园林造景中常用的常绿树种之一。因为其耐修剪，所以常修剪整齐作为绿篱使用。配植在古庙、古寺中更有意境，也可群植于草坪边缘或建筑物附近	绿色	全年

| 白千层 | 垂枝红千层 | 蒲桃 | 华北云杉 | 圆柏 |

● 落叶乔木：是指因为植物习性，到每年的秋季或者冬季的时候，叶片凋零落下，春季又萌发新叶的木本植物。落叶乔木是因为为了适应秋冬季节或者干旱季节雨水减少、气温寒冷的环境，通过落叶而达到减少植物叶片的蒸腾作用。

因地域、气候等因素的不同，不同地方的落叶乔木也不尽相同，下表列举几种常见的落叶乔木。

序号	植物名称 科、属	植物习性	配置手法	色彩	观赏期
1	水杉 杉科 水杉属	喜光，喜温暖湿润气候，耐寒性强，耐水湿能力强，不耐干旱和贫瘠	水杉树形挺拔，适于列植、片植或丛植于堤岸、水边，也可用于庭院内绿化，景观效果佳	绿色，秋天叶色变金黄	2～10月
2	银杏 银杏科 银杏属	阳性树种，喜光，较耐干旱，不耐积水	树形独特，叶形独特，秋叶金黄，是很好的庭院树和行道树。可孤植、列植、片植或群植于庭院、景区和公园内。与桂花树一同栽植，可营造秋季观色闻香的景观意境	绿色，秋叶金黄色	3～11月
3	三球悬铃木 悬铃木科 悬铃木属	喜光，喜温暖湿润气候，喜排水良好的土壤，较耐寒	三球悬铃木又称为法桐，树形优美，树干高大，枝繁叶茂且耐修剪，是优良的行道树种和庭荫树种。可栽植于城市道路两旁作道树，也可孤植于草坪或空旷地带	绿色，秋叶黄色	全年
4	国槐 豆科 槐属	喜光，稍耐荫，耐干旱、瘠薄，对土壤要求不高	国槐枝叶茂盛，树形威武挺拔，在北方地区常用作行道树种和景观项目的框架树种，也可栽植于公园草坪和空旷地带，孤植、列植和丛植效果均不错	绿色，花黄色	3～8月
5	白蜡 木犀科 白蜡属	喜光，喜深厚肥沃的土层，耐水湿	白蜡树干笔直，树形优美，枝叶繁密，生长期时，叶片浓绿；进入秋季，叶色转黄，是比较优良的庭院树种、行道树种，可与常绿树种一同配植于庭院和公园，也可列植于道路两旁做行道树	绿色，秋叶橙黄色	3～10月
6	七叶树 七叶树科 七叶树属	喜光，喜深厚肥沃土层，稍耐荫，不耐严寒，不耐干热气候	七叶树树干通直笔挺，叶片宽大，冠大荫浓。初夏时节，满树繁花，是著名的观赏树种，与常绿乔木配植效果不错。可列植、群植于道路两旁、公园以及广场内。七叶树在中国有着不一样的文化含义，因为其与佛教有着较深的渊源，一般名寺古刹内会栽植年代久远的七叶树。与佛教文化有关或古寺等地维护和景观塑造的项目中，可以选用七叶树、菩提树以及娑罗树等植物作为绿化造景树种	叶绿色，花白色	4～10月

序号	植物名称 科、属	植物习性	配置手法	色彩	观赏期
7	枫树 槭树科 槭树属	喜阳光充足的环境，喜排水良好的酸性土壤	枫树树形高大，姿态优美，是观赏性很强的园林树种。枫叶深秋易色，群片栽植，秋景极美	秋叶深红色	12月至次年1月
8	合欢 豆科 合欢属	喜光，喜温暖且阳光充足的气候，耐寒，耐旱，耐瘠薄	合欢树形较高大，叶片羽状，秀丽翠绿，粉色头状花序酷似绒球，美丽可爱，是优良的园林观赏植物，也可栽植人行道两旁或车行道分隔带内，夏季绒花盛开，景观效果极佳	叶绿色，花粉色	6～8月
9	新疆杨 杨柳科 杨属	喜光，耐寒，耐干旱，耐瘠薄，耐修剪，不耐荫，有较强的抗风性	新疆杨树形优美，叶片美丽，可孤植、丛植于公园和草坪。在新疆、甘肃、宁夏等地多有栽植	叶绿色	3～10月
10	栾树 无患子科 栾树属	喜光，耐干旱和瘠薄，稍耐半荫，耐寒，不耐水淹	栾树夏季满树黄花，秋叶色黄，果实形如灯笼，紫红色，是较好的观赏树。也可用于行道树栽植于道路两旁	绿色，花黄色	5～10月
11	水松 杉科 水松属	阳性树种，喜光，喜温暖湿润气候，耐水湿，不耐低温	可做行道树，适宜栽植在河边、堤岸，可在水边成片栽植，孤植或丛植于园林内均可	绿色	5～10月
12	鹅掌楸 木兰科 鹅掌楸属	喜光，喜温暖湿润气候，耐半荫，较耐寒，喜深厚肥沃土壤	秋季叶色金黄，且叶形美丽，花大美丽，可作行道树或栽植于庭院作观赏树	绿色，秋叶金黄色	5～10月
13	梧桐 梧桐科 梧桐属	喜光，喜温暖湿润气候，喜湿润肥沃土壤，不宜修剪，寿命较长	可作行道树栽植，也可栽植于房前屋后，或片植、列植于风景区和道路旁	绿色	5～10月
14	重阳木 大戟科 秋枫属	阳性树种，喜光，喜温暖气候，稍耐荫，耐干旱和瘠薄，耐水湿，有一定的抗寒能力	花叶同放，秋叶变红，是极好的庭院树种，可栽植于道路两旁作行道树，也可孤植、丛植，与常绿树种配置于湖畔、草坪，景观效果佳	绿色，秋叶红色	5～10月
15	南洋楹 豆科 合欢属	阳性树种，喜温暖湿热的气候，不耐荫	可作为行道树或庭院树栽植	绿色	5～10月
16	大叶合欢 豆科 合欢属	喜温暖气候，能抵抗强风和盐分	可栽植于庭院作遮荫树或观赏树	绿色，绒球状花开放时，黄褐色	4～5月
17	银合欢 豆科 银合欢属	阳性树种，喜温暖湿润气候，稍耐荫，耐干旱，不耐水渍	较耐修剪，可随意修剪造型，可栽植于校园、小区、公园等地作花墙和绿化围墙	绿色	5～10月
18	枫香 金缕梅科 枫香树属	喜光，喜温暖湿润气候，耐干旱和瘠薄，不耐水涝不耐寒，抗风力强	可孤植、丛植于草坪、山坡。可与常绿树种配置，秋季红绿相间，景观效果佳，不宜做行道树	绿色，秋季叶色红艳	8～10月
19	垂柳 杨柳科 柳属	喜光，喜温暖湿润气候，耐水湿，较耐寒	可作行道树，可与碧桃相间配植于湖边、池畔，营造桃红柳绿的景观意境	绿色	3～10月
20	朴树 榆科 朴属	喜光、喜温暖湿润气候，耐干旱，耐水湿和瘠薄	可用作行道树，可孤植于草坪或空旷地，亦可列植于道路两旁	绿色	5～10月

水杉

油杉

国槐

白蜡

合欢

2. 针叶乔木与阔叶乔木

● 针叶乔木：是指乔木的叶片细长似针的树种。其针形叶片一般材质较软，且多为常绿树种，常见的针叶树种主要集中在松、柏、杉等种类。

常见针叶树种列举见下表。

序号	植物名称 科、属	植物习性	配置手法	色彩	观赏期
1	水杉 杉科 水杉属	喜光，喜温暖湿润气候，耐寒性强，耐水湿能力强，不耐干旱和贫瘠	水杉树形挺拔，适于列植、片植或丛植于堤岸、水边，也可用于庭院内绿化，景观效果佳	绿色，秋天叶色变金黄	2～10月
2	雪松 松科 雪松属	喜阳光充足的环境，喜温和凉爽的气候，稍耐荫	雪松是世界著名的庭院观赏树种之一，树形高大挺拔优美，四季常青，适宜孤植于草坪中央，也可对植、列植于广场和主体建筑物旁	绿色	全年
3	白皮松 松科 松属	喜光树种，喜温凉气候，喜肥沃深厚的土层，耐瘠薄和干冷，是中国特有树种	白皮松是常绿针叶树种，老树树皮灰白色，其树干色彩和形态比较有特色，树形优美，是美化园林的优良树种之一。白皮松在园林绿化中的应用比较广泛，可以孤植于庭院或草坪中央，也可以对植于门前，丛植片植成林，或者列植于城市道路两旁作为行道树种	绿色	全年
4	华北云杉 松科 云杉属	喜温凉气候，喜湿润肥沃土壤，耐荫，适应性较强	华北云杉又被称为青扦，是常绿树种。华北云杉对环境的适应性较强，树形又美观，树冠茂密，是园林绿化的优良树种之一	绿色	全年
5	五针松 松科 松属	喜光，喜温暖湿润的环境，不耐积水	五针松植株较低矮，树形优美、古朴，姿态有韵味，也是制作盆景的良好材料	绿色	全年
6	圆柏 柏科 圆柏属	喜光，喜温凉气候，喜湿润深厚的土层，耐寒，耐热，稍耐荫	圆柏树形优美，姿态奇特，是中国园林造景中常用的常绿树种之一。因为其耐修剪，所以常修剪整齐作为绿篱使用。配植在古庙、古寺中更有意境，也可群植于草坪边缘或建筑物附近	绿色	全年
7	池杉 杉科 落羽杉属	强阳性树种，喜温暖湿润气候，极耐水淹，稍耐寒，不耐荫	可做行道树，适宜栽植在水滨湿地等环境中，也可在水边成片栽植，孤植或丛植于园林内均可	绿色，秋叶棕褐色	2～10月
8	落羽杉 杉科 落羽杉属	耐低温，耐水湿，耐盐碱，耐干旱和瘠薄	由于其耐水湿、耐腐力强的特性，常用来做固堤护岸的树种，也可孤植、片植和丛植于庭院内作观赏树	绿色，秋叶棕褐色	2～10月
9	龙柏 柏科 圆柏属	喜阳，喜温暖湿润的环境，稍耐荫，耐干旱，忌积水	可孤植、列植或群植于庭院，由于其耐修剪，可经整形修剪成圆球形、半球形等各式形状后栽植	绿色	全年

雪松　　　　　　白皮松　　　　　　华北云杉　　　　　　落羽杉　　　　　　龙柏

● 阔叶乔木：一般是指双子叶植物类的树木，具有扁平、较宽阔的叶片，叶脉成网状，有常绿阔叶乔木和落叶阔叶乔木。一般叶面宽阔，叶形随树种不同而有多种形状的多年生木本植物。由阔叶树组成的森林称为阔叶林。

常见阔叶树种列举见下表。

序号	植物名称 科、属	植物习性	配置手法	色彩	观赏期
1	樟树 樟科 樟属	喜光、喜温暖、稍耐荫，不太耐寒，较耐水湿，不耐干旱、瘠薄和盐碱土	较常用作行道树种，树形优美的可孤植于草坪，常配植于水边、池边，也可在草地中丛植、群植、孤植或作为背景树	绿色	全年
2	大叶榕 桑科 榕属	阳性树种，喜光，喜高温多湿的气候，耐干旱、耐瘠薄	适合用作园景树和遮荫树，由于根系过于发达，不建议作行道树	绿色	全年
3	羊蹄甲 豆科 羊蹄甲属	喜阳光、喜温暖潮湿的环境，不耐寒	可用作行道树和绿化树，也可栽植于公园和景区	绿色，花大色红	全年
4	洋紫荆 豆科 羊蹄甲属	喜光，喜肥沃湿润的土壤，不太耐寒，耐修剪	可用作行道树和绿化树，也可栽植于公园和景区	绿色，花大色红	全年
5	银杏 银杏科 银杏属	阳性树种，喜光，较耐干旱，不耐积水	树形独特，叶形独特，秋叶金黄，是很好的庭院树和行道树。可孤植、列植、片植或群植于庭院、景区和公园内。与桂花树一同栽植，可营造秋季观色闻香的景观意境	绿色，秋叶金黄	3～11月
6	三球悬铃木 悬铃木科 悬铃木属	喜光，喜温暖湿润气候，喜排水良好的土壤，较耐寒	三球悬铃木又称为法桐，树形优美，树干高大，枝繁叶茂且耐修剪，是优良的行道树种和庭荫树种。可栽植于城市道路两旁作行道树，也可孤植于草坪或空旷地带	绿色，秋叶黄色	全年
7	国槐 豆科 槐属	喜光，稍耐荫，耐干旱，耐瘠薄，对土壤要求不高	国槐枝叶茂盛，树形威武挺拔，在北方地区常用作行道树种和景观项目的框架树种，也可栽植于公园草坪和空旷地带，孤植、列植和丛植效果均不错	绿色，花黄色	3～8月
8	蒙古栎 壳斗科 栎属	喜温暖湿润的气候，耐严寒，耐干旱，耐瘠薄，对土壤要求不严	蒙古栎可栽植于庭院、公园等地作园景树或者列植于道路两侧作行道树。也可与其他常绿树种混交栽植成林	绿色	3～10月
9	辽东栎 壳斗科 栎属	喜温暖湿润的气候，耐瘠薄，对土壤要求不严	可栽植于庭院、公园等地作园景树或者列植于道路两侧作行道树	绿色	3～10月
10	榆树 榆科 榆属	喜光，耐寒，较耐盐碱，不耐水湿，根系发达，具有较强的抗风能力	榆树树形高大，冠大荫浓，是行道树、庭荫树的较好选择	绿色	3～10月

羊蹄甲　　　　　　　　蒙古栎　　　　　　　　辽东栎　　　　　　　　榆树

第二节　灌木植物

● 定义：灌木植物是指那些没有明显的主干、呈丛生状态比较矮小的植物。

● 形态：灌木植物一般植株较低矮且丛生，容易营造郁郁葱葱的植物景观效果。

● 类型：可分为观花灌木、观叶灌木、观果灌木、观枝干灌木等几类。

1. 观花灌木

● 观花灌木：一般简称花灌木，是指以观赏其花形、花色和花姿为主的灌木植物。具有较高的观赏价值和绿化价值，是园林景观造景的重要材料之一。观花灌木的形态多样、花朵娇艳动人，是丰富绿色景观、点缀主景的良好用材。

园林造景中常用的观花灌木有很多，常见观花灌木列举见下表。

序号	植物名称 科、属	植物习性	配置手法	色彩	观赏期
1	三角梅 紫茉莉科 叶子花属	常绿攀缘状灌木，喜光，喜温暖湿润的气候，不耐寒	三角梅颜色亮丽，苞片大，花期长，是庭院绿化设计时的优良材料。可栽植于院内，由于其攀缘特性，垂挂于红砖墙头，别有一番风味。可用作盆景、绿篱和特定造型，也可借助花架、拱门或者高墙供其攀缘，营造立体造型	花的苞片紫红色	3～10月
2	木槿 锦葵科 木槿属	喜光，喜温暖湿润的气候，较耐寒，稍耐荫，好水湿，耐干旱，耐修剪	可孤植、丛植于公园、草坪等地，也可作花篱式绿篱进行栽植。一些城市也会在车行道两旁栽植成片，开花时，风景甚美	花淡紫色	7～10月
3	扶桑 锦葵科 木槿属	强阳性，喜光，喜温暖湿润的气候，适宜阳光充足且通风的环境，耐湿，稍耐荫，不耐寒	扶桑花大且艳丽，观赏价值高，朝开夕落，可栽植于湖畔、池边、凉亭前	红色	全年，夏季最盛
4	非洲茉莉 马钱科 灰莉属	喜光，喜半荫，适宜生长在温暖气候下，生长适温为18～32℃，不耐寒冷，适宜栽植在较少直射阳光、充足散射光的环境	非洲茉莉花期较长，冬夏季均开花，花香淡淡，由于其具有一定的耐修剪能力，可与部分高大乔木搭配栽植，常用于公园，也可用于家居盆景摆设	花白色	冬夏季
5	绣球花 虎耳草科 绣球属	喜光，喜温暖湿润的气候，喜半荫，不耐寒	绣球花又被称为八仙花，在我国栽培历史悠久，明清时期在江南园林中较多使用。绣球花花形美丽，颜色亮丽，可成片栽植于公园、风景区，也可与假山搭配栽植，景观效果佳	花白色、红色、蓝色	6～8月
6	红花檵木 金缕梅科 檵木属	常绿灌木，喜光，喜温暖气候，耐旱，耐寒，稍耐荫，耐修剪，耐瘠薄	红花檵木由于其花色叶色艳丽以及耐修剪的特点，在城市及园林绿化中有着重要的地位。常与金叶女贞和雀舌黄杨等植物搭配栽植，修剪成红绿色带装饰道路景观，也可丛植、群植于公园或小区，也可修剪成造型各异的灌木球，景观效果佳	花紫红色，新叶鲜红色	全年
7	毛杜鹃 杜鹃花科 杜鹃花属	半常绿灌木，喜温暖湿润气候，耐荫，不耐阳光曝晒	花色艳丽，花期花朵丰富，栽植于林下，作景观花丛色带等，也可与其他植物搭配栽植或制作模纹花坛。也可栽植于假山旁、凉亭前等地，营造中式园林风格	花桃红色	4～7月
8	龙船花 茜草科 龙船花属	常绿灌木，喜光，喜温暖湿润的气候，较耐旱，稍耐半荫，不耐寒和水湿	龙船花花色丰富，花叶秀美，具有较高的观赏价值，常高低错落栽植于庭院、风景区、住宅小区内	花红色、白色、黄色等	3～12月
9	美人蕉 美人蕉科 美人蕉属	喜光，喜温暖气候，不耐寒	植株形态优美，花色艳丽，是景观设计中的常用绿植材料，可丛植、片植、群植于草坪、水边、池畔和庭院内，栽植于假山置石中也有别有一番风味	叶片翠绿，花红色、黄色	3～12月
10	紫薇 千屈菜科 紫薇属	喜光，喜温暖湿润的气候，耐干旱，抗寒	可栽植于花坛、建筑物前、院落里、池畔等地。同时也是做盆景的好材料，可孤植、片植、丛植和群植	花白色和粉红色	6～9月

三角梅　　　　　　　扶桑　　　　　　　非洲茉莉　　　　　　毛杜鹃　　　　　　龙船花

2. 观叶灌木

● 观叶灌木：是指叶片具有较高观赏价值的灌木植物。例如叶片终年常绿，可以营造绿色灌木带；叶片经秋冬季节变色，可以营造四季变幻的植物景观。一般具有较高观赏价值的秋季叶、冬季叶多为红色、橙色、黄色等，叶色色彩鲜艳，与常见绿叶形成鲜明对比。叶形奇特，具有趣味，也是观叶植物的亮点之一，比如叶片似鹅掌的鹅掌柴、似星形的八角金盘等。

园林造景中常用的观叶灌木有很多，常见观叶灌木列举见下表。

序号	植物名称 科、属	植物习性	配置手法	色彩	观赏期
1	红花檵木 金缕梅科 檵木属	常绿灌木，喜光，喜温暖气候，耐旱、耐寒，稍耐荫，耐修剪，耐瘠薄	红花檵木由于其花色叶色艳丽以及耐修剪的特点，在城市及园林绿化中有着重要的地位。常与金叶女贞和雀舌黄杨等植物搭配栽植，修剪成红绿色带装饰道路景观，也可丛植、群植于公园或小区，也可修剪成造型各异的灌木球，景观效果佳	花紫红色，新叶鲜红色	全年
2	八角金盘 五加科 八角金盘属	喜温暖湿润的气候，耐荫，稍耐寒，不耐干旱	南天星科草本植物，叶掌状，耐荫蔽，是良好的地被植物	绿色	全年
3	鹅掌柴 五加科 鹅掌柴属	喜温暖湿润的气候，喜半荫的生长环境，忌干旱	是较常见的盆栽植物，也可栽植于林下，营造不同层次的园林景观	绿色	全年
4	变叶木 大戟科 变叶木属	喜高温湿润的气候，喜阳光充足的环境，不耐寒	革质叶片色彩鲜艳、光亮，常被用作盆栽材料，是优良的观叶树种。可栽植于公园、绿地等地	叶色鲜艳斑驳，黄色、红色、绿色交替	全年
5	金边黄杨 卫矛科 卫矛属	喜光，喜温暖的气候，耐寒、耐干旱，耐瘠薄和修剪，稍耐荫	金边黄杨为大叶黄杨的变种之一，常绿灌木或小乔木，适宜与红花檵木、南天竹等观叶植物搭配栽植	叶缘金黄色，叶片绿色	全年
6	洒金珊瑚 山茱萸科 桃叶珊瑚属	喜较荫蔽的环境，喜温暖湿润的气候，耐修剪，不太耐寒	洒金珊瑚叶片较大，色彩艳丽，叶片上有斑驳的金色，枝繁叶茂，因其耐荫的特点，适宜栽植于疏林下，荫湿地较常栽植	绿色	全年
7	金叶女贞 木犀科 女贞属	喜光，喜疏松肥沃的沙质土，较耐寒，不耐荫	叶色金黄，具有较高的绿化和观赏价值。常与红花檵木配ara做成不同颜色的色带，常用于园林绿化和道路绿化中	叶金黄色	全年
8	紫叶小檗 小檗科 小檗属	喜光，耐寒，耐修剪，耐半荫	紫叶小檗也称为红叶小檗，枝条丛生，幼枝紫红色，老枝紫褐色，叶片紫红，是优良的观叶植物。紫叶小檗因其耐修剪的特点，常用来和其他常绿植物一同搭配作色块组合布置花坛或花镜。	叶紫红色	3 ~ 10月
9	南天竹 小檗科 南天竹属	喜温暖湿润的气候，耐水湿和干旱，稍耐荫，较耐寒	常绿木本小灌木。南天竹叶片互生，到秋季时叶片转红，并伴有红果，株形秀丽优雅，不经人工修剪的南天竹有自然飘逸的姿态，适合栽植在假山旁、林下，是优良的景观造景植物	绿色，秋叶红艳	9 ~ 10月
10	小叶棕竹 棕榈科 棕竹属	喜光，喜温暖湿润的气候，喜通风半荫的环境，耐荫，稍耐寒，不耐烈日曝晒，不耐水湿	小叶棕竹是棕竹的品种之一，丛生常绿小乔木和灌木，是热带、亚热带较常见的常绿观叶植物。茎干直立且纤细优雅，叶片掌状而颇具特色	绿色	全年

八角金盘

鹅掌柴

变叶木

洒金珊瑚

3. 观果灌木

● 观果灌木：是指果实具有一定观赏价值的灌木植物。这类灌木植物一般果实颜色鲜艳、形状奇特。

园林绿化中常运用观赏价值较高的观果灌木点缀主景，尤其在秋冬季节，百花凋敝，垂挂于枝头的鲜艳果实也是装点景观的美丽武器。

常见观果灌木列举见下表。

序号	植物名称 科、属	植物习性	配置手法	色彩	观赏期
1	南天竹 小檗科 南天竹属	喜温暖湿润的气候，耐水湿和干旱，稍耐荫，较耐寒	常绿木本小灌木。南天竹叶片互生，到秋季时叶片转红，并伴有红果，株形秀丽优雅，果实小且红艳，具有非常高的观赏价值	绿色，秋叶红艳	9～10月
2	石榴 石榴科 石榴属	喜光，喜温暖向阳的环境，耐寒，耐干旱和瘠薄，不耐荫	石榴树形优美，枝叶繁茂，盛花期时花开满枝，颜色鲜艳，秋季挂果，果实红艳。可孤植或对植于门旁、小径边	叶绿色，花果红色	3～10月
3	稠李 蔷薇科 稠李属	喜光，耐荫，不耐干旱和瘠薄，有一定的抗寒能力	可孤植、丛植或群植于公园和小区	叶绿色，花白色，果黑色	3～10月
4	西府海棠 蔷薇科 苹果属	喜光，耐寒，较耐干旱，在我国北方比较干燥的地区生长良好	西府海棠树干直立，树形秀丽优雅，花红、叶绿、果实小巧可人，常用于我国北方地区的庭院绿化中，可孤植、列植或丛植于水滨湖畔和庭院一角。因与玉兰、牡丹、桂花同植一处，取其音与意，有"玉棠富贵"之意，是造景的优选植物材料	叶绿色，花粉红色	4～5月
5	金银忍冬 忍冬科 忍冬属	喜强光，喜温暖气候，稍耐干旱，较耐寒，不宜栽植于林下等阳光直射不到的地方	金银忍冬是花果均有较高观赏价值的花灌木。春季可赏其花闻其味，秋季可观其累累红果。花色初为白色，渐而转黄，远远望去，金银相间，甚为美丽。金银忍冬可丛植于草坪、山坡和建筑物附近	花白色、黄色，果实红色	5～10月
6	接骨木 忍冬科 接骨木属	喜光，喜向阳，喜肥沃疏松的土壤，耐荫，耐干旱，较耐寒，不耐水湿	接骨木花小而密集，果实红艳，是优良的观花观果植物	花白色、淡黄色，果红色	4～10月

南天竹

石榴

西府海棠

接骨木

4. 观枝干灌木

● 观枝干灌木：是指株形奇特、枝干形态或色泽美丽，具有较高观赏价值的灌木植物。

常见观枝干灌木列举见下表。

序号	植物名称 科、属	植物习性	配置手法	色彩	观赏期
1	红瑞木 山茱萸科 梾木属	喜光，喜温暖潮湿的环境，喜肥沃且排水良好的土壤	红瑞木秋叶红艳，小果洁白，叶落后枝干鲜红似火，十分艳丽夺目，是园林中少有的观茎植物。可丛植于庭院或草坪上，与常绿乔木相间种植，红绿相映生辉	枝干鲜红，秋叶鲜红	8～12月
2	棣棠 蔷薇科 棣棠花属	喜温暖湿润的气候，喜通风半荫的环境，不耐寒	棣棠枝叶秀丽，花色金黄，盛花期时，花开满枝。可栽植于庭院墙角或建筑物旁。也可配植于疏林草地。颇为雅致美丽	花黄色	4～6月

序号	植物名称 科、属	植物习性	配置手法	色彩	观赏期
3	迎春 木犀科 素馨属	喜光，喜温暖湿润的气候，喜疏松肥沃且排水良好的土壤，稍耐荫	迎春花花如其名，每当春季来临，迎春花即从寒冬中苏醒，花先于叶开放，花色金黄，垂枝柔软。迎春花花色秀丽，枝条柔软，适宜栽植于城市道路两旁，也可配植于湖边、溪畔、草坪和林缘等地	花金黄色	3～4月
4	小蒲葵 棕榈科 蒲葵属	喜光，喜温暖湿润的气候，耐干旱和瘠薄，耐盐碱，稍耐荫，稍耐寒	四季常绿，是营造热带风情效果的重要植物。叶片可制作蒲扇。可栽植于公园、景区、道路两旁。也可与其他棕榈科植物，如海枣、针葵、红铁树和鱼尾葵等搭配栽植	绿色	全年
5	紫薇 千屈菜科 紫薇属	喜光，喜温暖湿润的气候，耐干旱，抗寒	可栽植于花坛，建筑物前，院落里，池畔等地。同时也是做盆景的好材料，可孤植、片植、丛植和群植	花白色和粉红色	6～9月
6	龙爪槐 豆科 槐属	喜光，喜肥沃深厚的土壤，稍耐荫	树形优美，树冠奇特，花芳香，是优良的行道树种和庭院绿化树种	叶绿色	全年

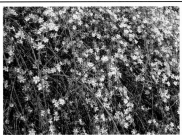

红瑞木　　　　　　　　棣棠　　　　　　　　迎春　　　　　　　　龙爪槐

第三节　草本花卉植物

- 定义：草本花卉是指木质部不发达，木质化程度较低，植株茎干为草质茎且株形较小、植株较低矮的花卉植物。
- 形态和特点：植株低矮、草质茎柔弱、种类繁多、花形花色丰富。
- 类型：一二年生草本植物、多年生草本植物。

1. 一二年生草本植物

- 一二年生草本植物：分为一年生草本植物和二年生草本植物。一年生草本植物是指生活期为一年，一年时间里萌芽、生长、开花、结果和死亡。二年生草本植物是指生活期跨越两年，一般是秋季播种后，第二年春季开花，然后结果，最后死亡。

　　一二年生草本花卉生命力短暂，寿命短，但生长速度快，能够在较短的时间内达到开花的效果。这类草本植物多以观花为主，其花形美丽、花色鲜艳，而且花期大多一致，所以是园林绿化营造花坛、花境等景观的良好材料。

　　常见一二年生草本花卉列举见下表。

序号	植物名称 科、属	植物习性	配置手法	色彩	观赏期
1	一串红 唇形科 鼠尾草属	喜光，耐半荫，不耐寒，不耐水湿	一串红花色红艳，花期长，是城市绿化中常用的草本花卉，适宜栽植于花坛、花境和花丛之中，也可与其他色彩丰富的花卉组成色块营造色彩斑斓的花卉景观	花红色	8～11月
2	矮牵牛 茄科 碧冬茄属	喜光，喜温暖向阳的环境，喜疏松肥沃且排水良好的沙质土壤	矮牵牛品种繁多，花色丰富，是优良的室内室外装饰材料	花红色、紫色、粉色等	4～11月
3	万寿菊 菊科 万寿菊属	喜光，喜温暖向阳的环境，耐半荫，耐移植，耐寒，耐干旱，对土壤要求不高	万寿菊花大，花色鲜艳，常用来布置各式花坛	花黄色、橙色	8～9月

序号	植物名称 科、属	植物习性	配置手法	色彩	观赏期
4	月见草 柳叶菜科 月见草属	耐酸，耐干旱和瘠薄，对土壤要求不高	花小，花色为黄色，适宜栽植于花坛、花丛中做点缀之用	花黄色	7~9月
5	凤仙花 凤仙花科 凤仙花属	喜光，喜温暖向阳的环境，喜疏松肥沃的土壤，耐热，不耐寒，较耐瘠薄	凤仙花花姿卓越，是美化花坛、花境的常用材料	花红色、粉色、紫色等	6~8月
6	虞美人 罂粟科 罂粟属	喜光，喜肥沃且排水良好的土壤，耐寒，不耐炎热	虞美人花形美丽，花色艳丽，是花坛、花境的常用材料	花红色	5~8月
7	鸡冠花 苋科 青葙属	喜光，喜温暖干燥的气候，不耐干旱，不耐水湿，不耐霜冻，不耐瘠薄，对土壤的要求不高	鸡冠花花形花色似鸡冠，花朵大且色彩亮丽，花期长，是园林中常见的绿化和美化材料。可栽植于花坛和花境中，也可做成立体花坛	花红色	7~12月
8	半枝莲 唇形科 黄芩属	喜温暖湿润的气候，喜半荫湿润的环境，对土壤的要求不高	半枝莲植株较低矮，密集丛生，花期长，花叶茂盛，是点缀草地、花坛和花镜的优良材料	花淡紫色	5~10月
9	雁来红 苋科 苋属	喜光，喜湿润通风的环境，喜肥沃且排水良好的土壤，耐干旱，不耐寒，不耐水湿	雁来红又被称为三色苋，是优良的观叶植物，是花坛、花境的常用材料，也可大量栽植于草坪之中，可与其他色彩鲜艳的花草植物组成绚丽的花卉图案	花红色	6~10月
10	千日红 苋科 千日红属	喜光，喜疏松肥沃的土壤，耐干旱，耐热，不耐寒	千日红花如其名，花期长，花色红艳，是花坛、花境的常用材料	花红色	7~10月

一串红

矮牵牛

万寿菊

千日红

2. 多年生草本植物

● 多年生草本植物：是指能够生长存活两年以上的草本植物。这一类的草本植物的植株可以分为地上部分和地下部分。一部分多年生草本植物其地上部分每年会随着春夏秋冬季节的交替而生长和死亡，而地下部分，如植物的根、茎等部位会保持活力，等到来年再焕发新芽；而另一部分的多年生草本植物，地上部分和地下部分均为多年生状态。

常见多年生草本花卉列举见下表。

序号	植物名称 科、属	植物习性	配置手法	色彩	观赏期
1	半枝莲 唇形科 黄芩属	喜温暖湿润的气候，喜半荫湿润的环境，对土壤的要求不高	半枝莲植株较低矮，密集丛生，花期长，花叶茂盛，是点缀草地、花坛和花镜的优良材料	花淡紫色	5~10月
2	石竹 石竹科 石竹属	喜光，喜肥沃深厚的土壤，耐寒，耐干旱，不耐炎热，不耐水湿	石竹茎直立，花色艳丽且色彩丰富，花瓣边缘似铅笔屑。是花坛、花境的常用材料，也可用来点缀草坪及坡地，栽植于行道树的树池中也是一道美丽的风景	花红色等	5~9月
3	飞燕草 毛茛科 飞燕草属	喜光，喜凉爽湿润的气候，喜肥沃湿润且排水良好的酸性土壤，耐干旱，稍耐水湿	飞燕草花形独特，色彩素雅，可以丛植于草坪上，是花坛、花境的常用材料	花紫色	5~8月
4	三色堇 堇菜科 堇菜属	喜光，喜凉爽的气候，喜肥沃且排水良好的土壤，较耐寒	三色堇因其花瓣上有三种不同颜色对称分布而得其名，是装饰春季花坛的主要花卉之一	花黄色、紫色、黑色等	6~9月

序号	植物名称 科、属	植物习性	配置手法	色彩	观赏期
5	美女樱 马鞭草科 马鞭草属	喜光，喜疏松肥沃的土壤，喜温暖湿润的气候，较耐寒，不耐干旱，不耐荫	美女樱植株较低矮，花色丰富，花小而密集，是良好的地被材料。可栽植于花坛、花境中，也可栽植于城市道路绿化带中点缀和调节单调的绿色景观	花粉色、红色等	5 ~ 11月
6	鸢尾 鸢尾科 鸢尾属	喜光，喜湿，喜湿润且排水良好的土壤，可生长于沼泽、浅水中，耐寒，耐半荫	鸢尾叶片清秀翠绿，花色艳丽且花形似翩翩蝴蝶，是庭院绿化的优良花卉，可栽植于花坛、花镜中，也可栽植于湖边溪畔	花蓝紫色	4 ~ 6月
7	玉簪 百合科 玉簪属	喜荫湿的环境，喜肥沃深厚的土层，耐寒，不耐强阳光直射	玉簪是荫性植物，耐荫，喜荫湿的环境，适宜栽植于林下草地，丰富植物群落层次。玉簪叶片秀丽，花色洁白，且具有芳香，花于夜晚开放，是优良的庭院地被植物	叶绿色，花白色	6 ~ 9月
8	牡丹 毛茛科 芍药属	喜光，喜温暖、干燥的环境，喜深厚肥沃且排水良好的土壤，耐寒，耐干旱和弱碱，不耐水湿，忌强阳光直射	牡丹品种繁多，花色各异，有黄色、粉色、绿色等多种颜色。牡丹花色、花香和姿态均佳，是庭院绿化的优良选择	花粉色等	4 ~ 5月
9	芍药 毛茛科 芍药属	喜光，耐干旱	芍药被称为花相，花形、花色俊美，是庭院绿化的优良品种	花淡紫色	5 ~ 6月
10	文竹 天门冬科 天门冬属	喜温暖湿润的气候，喜通风良好的环境，忌强阳光直射，不耐寒，不耐干旱	文竹枝叶秀丽，姿态优美典雅，是制造假山、盆景的优良材料	叶绿色	全年

| 石竹 | 三色堇 | 美女樱 | 鸢尾 |

第四节　藤本植物

● 定义：藤本植物，也被称为攀缘植物。藤本植物的茎比较细长且柔软，不能直立，需要依附于其他植物或外在物体才能生长。

● 形态：颈部细长柔软，无法直立，一般攀附于其他植物或者物体生长，也有匍匐于地面生长的类型。

● 类型：攀缘类藤本植物、缠绕类藤本植物、吸附类藤本植物。

常见藤本植物列举见下表。

序号	植物名称 科、属	植物习性	配置手法	色彩	观赏期
1	常春藤 五加科 常春藤属	常绿攀缘藤本植物，耐荫性较强，同时也能在阳光充足的环境下生长，具有一定的耐寒力	常春藤叶片呈近似三角形，终年常绿，枝繁叶茂，是极佳的垂直绿化植物。适宜栽植于墙面、拱门、陡坡和假山等地。也可以栽植于悬挂花盆中，使枝叶下垂，营造空间中的立体绿化效果	绿色	常年
2	紫藤 蝶形花科 紫藤属	缠绕类藤本植物，落叶，木质，喜温暖湿润的气候，喜光，耐瘠薄，耐水渍，稍耐荫	紫藤花大，色彩艳丽，花色为紫色，盛花期时，满树紫藤花恰似紫色瀑布一般，是优良的垂直绿化和观赏植物，适宜栽植于公园棚架和花廊，景观效果极佳	花紫色	4 ~ 5月

序号	植物名称 科、属	植物习性	配置手法	色彩	观赏期
3	鸡血藤 豆科 南五味子属	常绿木质藤本植物，喜温暖湿润的气候	鸡血藤四季常绿，枝叶繁茂青翠，盛花期时紫红色花序自然下垂，花色美艳，花形俏丽，适宜栽植于花廊、花架以及运用于建筑物的立体绿化中	叶绿色，花紫红色	全年
4	白花油麻藤 蝶形花科 黎豆属	缠绕类藤本植物，常绿，木质，喜温暖湿润的气候，喜光，耐半荫，不耐干旱和瘠薄	白花油麻藤因为其花形酷似禾雀，因此也被称为禾雀花。禾雀花串状挂满枝头，甚是美丽。白花油麻藤适宜栽植于棚架和花廊上，蔓蔓长枝缓缓垂下，犹如门帘，景观效果极佳	叶绿色，花白色	4～6月
5	凌霄花 紫葳科 紫葳属	攀缘藤本植物，喜光，喜温暖湿润的气候，稍耐荫，较耐水湿	凌霄花漏斗状的花形状美丽，花色鲜艳，是园林绿化中的重要材料之一。可栽植于墙头、廊架等地，也可经过轻微修剪做成悬垂的盆景放于室内	花红色、橙色	5～8月
6	爬山虎 葡萄科 爬山虎属	吸附类藤本植物，落叶，木质，喜荫湿的气候和环境，耐寒，对环境的适应性较强	爬山虎新叶时叶片嫩绿，秋季变为鲜红色，色彩夺目，可用来作为垂直绿化植物装饰墙面和棚架，也可作为地被植物运用	新叶嫩绿色，秋叶鲜红色	3～11月
7	五叶地锦 葡萄科 爬山虎属	吸附类藤本植物，落叶，木质，喜荫湿的气候和环境，耐寒，对环境的适应性较强	五叶地锦叶具五小叶，新叶时叶片嫩绿，秋季变为鲜红色，色彩夺目，可作为垂直绿化植物装饰墙面和棚架，也可作为地被植物运用	新叶嫩绿色，秋叶鲜红色	3～11月
8	金银花 忍冬科 忍冬属	缠绕类灌木植物，常绿，木质，喜光且耐荫，耐干旱，耐水湿，适应性强	金银花枝叶常绿，花小，有芳香，适宜栽植于庭院角落，可攀缘墙面和藤架，盛花期时，花香馥郁，白花点点	叶绿色，花白色	4～10月
9	绿萝 天南星科 麒麟叶属	多年生常绿藤本植物，喜温暖湿润的气候，忌强光直射，耐荫性较强	绿萝叶片偏大，叶形美丽，四季常青，是较好的庭院景观观赏植物。由于绿萝栽培容易，又能水养，近年来已经成为办公室和家居环境的新宠。园林运用中，较适宜栽植于墙面和拱门，可作垂直绿化材料，因具备较强的耐荫性，栽植在林下做地被植物也是不错的	绿色	全年
10	茑萝 旋花科 牵牛属	缠绕类一年生草本植物，喜温暖的气候，喜光，耐干旱瘠薄	茑萝叶片互生，裂如丝状，叶形奇特，花朵碟状，呈五角形状，花较小，但颜色艳丽，茎蔓下垂，红花随风飘动，惹人喜爱，适宜栽植于花架或廊架等地	花红色	7～10月

紫藤　　　　　　　　　　凌霄花　　　　　　　　　　金银花　　　　　　　　　　茑萝

第五节　草坪及地被植物

● 定义：地被植物是指那些株丛密集、低矮的植物，它们经简单管理即可用于代替草坪覆盖在地表、防止水土流失，能吸附尘土、净化空气、减弱噪声、消除污染并具有一定观赏和经济价值。它不仅包括多年生低矮草本植物，还包括一些适应性较强的低矮、匍匐型的灌木和藤本植物。

● 形态：植株丛生、密集且低矮。
● 类型：匍匐型灌木、草坪植物、藤本植物。
常见草坪地被植物列举见下表。

序号	植物名称 科、属	植物习性	配置手法	色彩	观赏期
1	肾蕨 肾蕨科 肾蕨属	多年生草本植物，喜温暖湿润较荫蔽的环境，忌阳光直射	肾蕨是应用比较广泛的观赏蕨类植物。由于其叶片细腻翠绿，姿态动人，可用来点缀山石、假山，也可作为地被植物栽植于林下和花境边缘。近几年肾蕨在插花艺术中也有不少体现	绿色	全年
2	冷水花 荨麻科 冷水花属	多年生草本植物，喜温暖多雨的气候，忌强光曝晒，较耐水湿，不耐旱	冷水花因其叶片绿白相间，又被称为西瓜皮。其适应性较强，比较容易繁殖，园林造景中较常使用。冷水花株丛较小，叶面绿白、纹路美丽，花期时盛开白色小花。适宜栽植于水边、林下	绿色	全年
3	沿阶草 百合科 沿阶草属	多年生常绿草本植物，喜温暖湿润的气候，喜半荫	沿阶草又被称为麦冬，总状花序淡紫色或白色。四季常绿，通常成片栽植于林下或水边作地被植物，也可栽植用来点缀山石、假山等	绿色	全年
4	马缨丹 马鞭草科 马缨丹属	多年生灌木，喜温暖湿润的气候，阳光充足时生长茂盛	马缨丹又被称为五色梅，其花初开时为橙黄色，后转为深红色，最后为深紫色，花期近乎全年。叶片翠绿，花朵小但色彩艳丽，可栽植于墙角	叶片绿色	全年
5	银叶菊 菊科 千里光属	多年生草本植物，喜阳光充足的环境，较耐寒，不耐高温	银叶菊叶形奇特似雪花，叶片正反面均有银白色细毛，是良好的观叶植物。适宜栽植于花坛和花境中	银白色	全年
6	常春藤 五加科 常春藤属	常绿攀缘藤本植物，耐荫性较强，同时也能在阳光充足的环境下生长，具有一定的耐寒力	常春藤叶片近似三角形，终年常绿，枝繁叶茂，是极佳的垂直绿化植物。适宜栽植于墙面、拱门、陡坡和假山等地。也可以栽植于悬挂花盆中，使枝叶下垂，营造空间中的立体绿化效果	绿色	全年
7	络石 夹竹桃科 络石属	常绿木质藤本植物，喜光，喜较荫湿的环境，较耐旱，不耐涝，对土壤的要求不高	络石在园林中常作地被植物栽植于林下或山石边，也可攀缘于墙面和陡坡作垂直绿化使用	绿色	全年
8	鸢尾 鸢尾科 鸢尾属	多年生草本植物，喜阳光充足的环境，耐寒力强，耐半荫	鸢尾叶片翠绿扁平，花色艳丽，可栽植于林下作地被植物，也可栽植于花坛和花境中，与风车草、春羽等植物配植在水边池畔等地，景观效果佳	绿色，花紫色等	7～8月
9	红花酢浆草 酢浆草科 酢浆草属	多年生草本植物，喜温暖湿润的气候，喜阳光充足的环境，耐干旱，较耐荫	红花酢浆草叶片基生，3片小叶呈心形，甚为美丽，花小色红，花随日出而开，日落而闭，常成片栽植于林下作地被植物。带状栽植于草坪中，万绿丛中一条红带，景观效果佳	叶绿色，花红色等	3～12月
10	马蹄金 旋花科 马蹄金属	多年生草本植物，喜温暖湿润的气候，具有强耐荫性，强耐热性和耐寒性，具有一定的耐践踏能力	马蹄金又被称为金钱草，阔心形叶片小而翠绿，由于其适应能力强且具有一定耐荫性和耐践踏能力，因而是优良的草坪及地被绿化植物，可栽植于林下做地被，也可成片栽植于沟坡、陡坡等地	绿色	全年
11	彩叶草 唇形科 鞘蕊花属	多年生草本植物，喜高温多雨的气候，喜阳光充足的环境	彩叶草叶片色彩丰富，是较好的观叶植物，可栽植于花坛花境中，或者点缀于山石间和绿植丛中	叶片五彩斑斓	全年
12	葱兰 石蒜科 葱莲属	多年生常绿草本植物，喜温暖湿润的气候，喜阳光充足的环境，不太耐寒	葱兰，也被称为风雨花，植株挺立，带状栽植郁郁葱葱。因其叶片四季常绿，可成片带状栽植于花坛边缘和草坪边缘，较常使用于路边小径的地面绿化，是良好的地被植物	叶浓绿，花洁白	全年
13	韭兰 石蒜科 葱莲属	多年生常绿草本植物，喜温暖湿润的气候，喜阳光充足的环境，不太耐寒	韭兰，也被称为红风雨花，其园林配植特点与葱兰相同	叶浓绿，花绯红	全年

序号	植物名称 科、属	植物习性	配置手法	色彩	观赏期
14	马蹄莲 天南星科 马蹄莲属	多年生草本植物，喜温暖湿润的气候，喜疏松肥沃的土壤，忌强阳光直射	马蹄莲叶片厚实且碧绿，花色洁白，花形奇特。马蹄莲在插花和切花中运用较多，也可作为盆栽置于茶几书桌上	花白色	3～8月
15	假俭草 禾本科 蜈蚣草属	暖季型多年生草坪草，喜温暖湿润的气候，耐瘠薄，较耐旱，耐粗放管理，不耐荫	为优良的草坪植物	绿色	全年
16	沟叶结缕草 禾本科 结缕草属	暖季型草坪草，喜温暖湿润的气候，喜光，耐瘠薄，耐干旱，稍耐寒	又被称为马尼拉草，为优良的草坪植物	绿色	全年
17	细叶结缕草 禾本科 结缕草属	暖季型多年生草坪草，喜温暖湿润的气候，喜光，耐瘠薄，耐干旱，不及沟叶结缕草耐寒	又被称为台湾草，为优良的草坪植物	绿色	全年
18	狗牙根 禾本科 狗牙根属	暖季型多年生草坪草，喜温暖气候，喜光，耐炎热，耐干旱，稍耐荫	又被称为百慕大草，是优良的草坪植物，是目前高尔夫球场最普遍的草种植物	绿色	全年
19	地毯草 禾本科 地毯草属	暖季型多年生草坪草，喜温暖湿润的气候，耐贫瘠	又被称为大叶油草，是优良的草坪植物	绿色	全年
20	百喜草 禾本科 雀稗属	暖季型多年生草坪草，喜温暖湿润的气候	是优良的草坪植物	绿色	全年

肾蕨

冷水花

银叶菊

络石

第二章　私家庭院植物景观设计要点解析

第一节　私家庭院造景介绍

"私家庭院"与我国传统意义上的"园林""庭院"等概念不同，通常意义上是指拥有独立住宅的家庭里的屋前和屋后的一处可以进行设计、打理和营造室外景观的空地。私家庭院的具体空间可以分为 5 类：①前庭院——房子的前景，有形象、接待和礼仪的功能；②后庭院——满足烧烤等家庭聚会的需要，具有私密性功能；③内庭院——为室内空间提供不同层次的景观需求，兼有私密性功能；④地下庭院——为地下空间解决采光通风等物理需求，更从垂直系统提供层次丰富的景观空间；⑤屋顶庭院——可作为晒台、阳台，具有接触自然，享受阳光等休闲功能。

随着经济和社会的快速发展，人们的生活水平和生活质量也相应提高。衣食住行中，"住"往往是大家考虑的首要因素，居住环境和居住条件也逐渐成为人们追求幸福生活的必要条件。庭院的发展，促进了居住条件的提高，美化了居住环境，私家庭院的景观设计更是与生活息息相关，优秀的庭院景观设计能够提升庭院的价值，更能提高业主的居住感受。

庭院造景主要包括了植物造景、山水造景、园林小品造景等。其中植物造景最为重要。庭院山水造景，中式庭院风格和日式庭院风格中较多出现山水造景。中式庭院山水造景主要通过置石、筑山、理水等方式营造自然山水形态的景观；日式庭院山水造景主要通过枯山水等形式营造山水意境的景观。园林小品造景，则是为了突出庭院的风格和特点，在细节处作为画龙点睛之笔。小品是指假山、凉亭、雕塑、花廊、花架等在庭院中装饰摆放的物品。小型的庭院主要有雕塑、玩偶、花架等形式的小品。

① ②

③

① 庭院植物造景（设计公司：和平之礼　　项目名称：燕西华府）

② 庭院山水造景（设计公司：和平之礼　　项目名称：中海九号公馆）

③ 庭院小品造景（设计公司：京品庭院　　项目名称：玛斯兰德红木林）

第二节　私家庭院植物选择和植物设计的基本原则

1. 私家庭院植物选择的基本原则

庭院中的植物配植要具有艺术性和科学性，不能随意堆砌也不能杂乱无章地种植。要做到于自然中井井有条，看似自然而无序实则是按照步骤、路线和各种植物的生长要求和环境要求进行配植。庭院植物种植设计是具有一定的基本原则的，掌握基本原则后进行设计和安排，才能营造出美丽、生态、和谐且持久的庭院景观。

（1）适用性原则　庭院植物的适用性是指，根据现有的庭院条件，其中包括地质条件、土壤条件、庭院面积大小限制条件、光照条件等多方面因素综合考量后选择适宜栽植于该庭院内的植物种类。例如，喜荫植物不可以栽植在光照强度高、光照时间长的地方；不可以在雨水太过充足的区域栽植不耐积水的植物；南方植物、不耐严寒的植物不可栽植于过于寒冷的北方地区等。尽量选择本土树种进行植物配置。本土树种是指经过自然选择和物种演替之后，对某一特性区域有高度适应性的植物总称。选用本土树种，不仅能够保证植物栽植后的存活率，而且能够体现当地植物物种的地域性特色，因其适应了当地的生长环境，所以后期的管理比较粗放，庭院设计的成本也能大大减少。

（2）丰富性原则　丰富性原则不仅指植物的数量多，也指植物种类的丰富、植物质感的丰富等。庭院景观给人留下的第一印象就是庭院内的植物，植物数量和种类的丰富，可以减少庭院空旷的感觉。如果是面积较小的庭院，也需要通过多种类的景观植物给人留下变幻多姿的印象。植物种类不一，所以形态万千，且其叶片、枝干、花朵和果实等都有不一样的质感，不同质感的植物可以营造出不同的景观效果。植物的高矮、壮丽或秀丽等风格的不一，也能打造出不一样的景观韵味。

（3）安全性原则　庭院景观植物最重要的作用就是绿化庭院，美化居住环境。在追求美丽景观的同时，安全也同样重要，或者更加重要。园林植物种类多样、形态万千，有些可以食用，有些植物体类具有剧毒，有些枝叶花果可爱柔软，而有些枝干叶缘则十分锋利。我们在选择庭院植物美化环境的同时，也要甄别出对我们日常生活会带来威胁或者危险的植物，从而创造出美丽、安全的庭院环境。

2. 私家庭院植物设计的基本原则

（1）美学原则　庭院设计的最终目的是营造美丽的居住环境，所以植物设计要考虑到观赏性和艺术性等各方面。在满足植物生长需要的基础上，利用各种植物配植方式，如列植、丛植、孤植和片植等各种方式突出各种植物的特点和风格，将面积不大的庭院空间设计成一个多种类、多层次、多形态的小生态环境。植物与其他装饰物品不一样，它们是有生命的、可以持续不断生长发展的种类，其形态、色彩甚至是其散发出来的味道都会随着一年四季的变化而产生变化，配合乔木、灌木、草本花卉和藤本植物，运用其各自不同的形态、色彩和质感，将形式美、意境美和艺术美在一年四季的变化中多样地呈现出来。

（2）协调一致原则　庭院不是单独存在的空间，它是依托于住宅而产生的室外空间，庭院设计与住宅设计息息相关并且互相影响。优秀的庭院设计不能单独存在，而是要能弥补住宅设计中的不足，并发挥其自身的优势。植物设计过程应该要与建筑设计风格和室内设计风格保持一致。别墅和院落建筑设计如果是以中式府邸、法式别墅或者英式建筑为主，那么对应的庭院植物设计则最好是自然式种植设计、英式乡村种植设计等。如果住宅建筑是东南亚式风格，庭院植物设计则可以根据项目所在地的气候环境选择是否可以多使用热带、亚热带植物来打造度假风格。如果住宅建筑是日式和风，庭院植物设计则一般选用能够表现出禅意、韵味的日式风格的植物，这类植物一般株形不大，形态优美小巧，色彩艳丽等，如罗汉松、红枫等。

（3）功能性原则　庭院植物设计应当遵循功能性原则，庭院空间面积有限，偏大一点的庭院一般是 50 ～ 100m²，面积小点的庭院可能仅有 20 ～ 30m²。但是空间有限的庭院更加需要空间感，庭院植物的设计应当符合庭院空间的现实需求，营造不同的空间则需要不同的植物进行相应的设计。靠近小区道路一侧或者邻居门窗一侧的庭院，需要保障庭院内的私密感，可以栽植 1.5 ～ 2m 高的边界植物，根据地域气候、地质和土壤条件可以选择珊瑚树、柏树等树种；开放的活动空间，则可以栽植适当的草坪和低矮的地被植物；建筑墙角和大面积的建筑立面显得生硬和平淡，可以适当地栽植一些藤本植物来丰富和软化墙面，将建筑更加和谐地融入室外环境中；建筑出入口可以选用一些株形美丽、叶片常绿或者闻起来有香味的植物进行对植，如罗汉松、四季桂、造型柏树等，凸显出建筑入口的位置。

第三节　私家庭院植物设计的作用

1. 净化空气、美化环境

庭院内的植物景观，植物是主体。因为植物各方面的生长特性，所以具有调节小区域环境的特点，比如净化空气、屏蔽道路上的噪声污染、吸收二氧化碳、减少尘埃雾霾、调节区域内小气候环境等作用。

美丽的庭院植物景观除了具有生态环保功效外，还能装点庭院内的硬质景观和小品，丰富和绿化庭院。植物具有形态各异、色彩斑斓等多方面优势，可以通过各种设计手法和方式营造不同的景观效果。春天花红叶绿、夏季绿荫浓浓、秋季硕果累累、冬季色叶斑斓。美丽的植物景观可以丰富庭院原本的固有面貌，可以营造四季变幻的季节之美，可以提高居民的生活品质和生活感受。

2. 营造和分隔空间

运用植物来营造空间，既能保证各空间的属性，又能避免例如墙体、栅栏等硬质材料带来的生硬感。例如，在庭院的边界，将铁艺栅栏与绿篱相结合，能够形成自然的视觉阻挡，同时也保证了庭院内的私密性和安全感。绿篱栅栏通风透气，铁艺围栏则保险安全，两种材料的结合使用，既保障了庭院的安全，也不失美感。同时可以运用乔木、灌木和地被植物的高差来营造庭院内的半私密性休憩空间，大乔木为空间中心，半人高的灌木植物可以作为空间的分隔，将开放区与休憩区相区别。

3. 丰富建筑立面和墙角

建筑立面一般颜色单调、外观冰冷而生硬，可以选用部分叶形美丽、叶色丰富或者有花期的藤本植物进行立面装饰。但是运用藤本植物装饰建筑立面，要注意植物的生长习性、生长速度等，避免出现植物生长太过茂密后影响室内采光和通风等问题，同时植物生长茂密后带来的一系列如蚊虫等的昆虫问题也应一并考虑到。

住宅楼墙基附近的植物配置可以缓解建筑物僵硬的线条感和生硬的边界感，是由室内向室外自然过渡的必要手段。建筑墙基植物配置需要通过考虑墙基的材质、质地和色彩等多方面因素来选用合适的植物进行美化，既不能平淡无特色，也不能太过夸张与环境不相符合。另外，美化建筑环境是在保证建筑物不受到干扰和破坏的前提条件下进行的，所以，在墙基保护方面，要求墙基附近的3m范围内不能栽植深根性的乔木和灌木，可以适当栽植根系较浅的小乔木、灌木或草本花卉。

第四节　常用私家庭院绿化植物

与住宅区景观、商业广场景观以及市政公园景观相比，私家庭院景观面积小、布置灵活、植物数量少，且风格更加多样，细节突出而细腻。私家庭院植物景观设计中，比较具有代表性的植物造景有庭院水景、庭院花廊花架、庭院内的花境等。根据庭院内比较常用的几种造景方式，下面具体介绍几类在庭院绿化中常用的庭院植物。

1. 常用私家庭院水生植物介绍

序号	图片	植物名称	特点	色彩	观赏期
1		荷花	多年生水生草本植物，挺水花开，花期为6~9月，水景造景中必选植物。荷花清新秀丽，自古以来就有"出淤泥而不染，濯清涟而不妖"的美誉，是文人墨客、摄影爱好者的心头好	花红色、粉色等	6~9月
2		睡莲	多年生水生草本植物，浮水花开，花期为6~9月，睡莲花形飘逸，花色丰富，花型小巧可人，在现代园林水景中，是重要的造景植物	花粉色、白色、红色、黄色等	6~9月
3		再力花	多年生挺水草本植物，挺水花开，植株高大美观，叶色翠绿，蓝紫色花别致、优雅，是重要的水景花卉。常栽植于水边、湖畔和湿地	叶绿色、花紫色	4~10月
4		千屈菜	多年生草本植物，植株直立优雅，花多繁茂，紫红色，最适合在浅水中丛植。其花序长，花期长，是水景中优良的竖线条材料	花紫色	6~9月
5		菖蒲	多年生水生草本植物，挺水花开，花期为7~9月，花较小，黄绿色，常栽植于沼泽、溪边，是营造湿地公园水景，仿原生植物景观的较好水生植物材料	花黄绿色	7~9月
6		水葱	株形奇趣，株丛挺立，具有独特的观赏价值，常与荷花、睡莲、慈姑等互相配合，营造优美的滨水景观效果	绿色	全年
7		风车草	叶片伞状，茎干挺拔，常种植于水边、湖畔，或与假山、湖石相配，由于其四季常青且叶形独特，是水景造景常用的观叶植物	叶绿色	全年
8		香蒲	多年生草本植物，其穗奇特，常用于水畔或点缀于石旁，也是切花常用材料	叶绿色	5~8月
9		萍蓬草	水生植物，可观花观叶，叶片近似圆形，中间有深V裂口，花色清雅淡黄，是夏季水景营造的优良水生植物之一。可以与睡莲、再力花、蒲苇等水生植物一同搭配栽植丰富池塘、水池景观	叶绿色、花黄色	5~7月
10		狐尾藻	多年生沉水草本植物，喜温暖湿润且阳光充足的环境，不耐寒，故在南方地区靠近水岸的地方较适宜栽植。可与其他水生植物搭配栽植，营造丰富多样的植物层次	茎叶绿色	全年

2. 常用私家庭院藤本植物介绍

序号	图片	植物名称	特点	色彩	观赏期
1		爬山虎	吸附类藤本植物，落叶，木质，喜荫湿的气候和环境，耐寒，对环境的适应性较强。新叶时叶片嫩绿，秋季变为鲜红色，色彩夺目，可作为垂直绿化植物装饰墙面和棚架，也可作为地被植物运用	嫩叶绿色、秋叶红色	全年
2		紫藤	缠绕类藤本植物，落叶，木质，喜温暖湿润的气候，喜光，耐瘠薄，耐水渍，稍耐荫。紫藤花大，色彩艳丽，花色为紫色，盛花期时，满树紫藤花恰似紫色瀑布一般，是优良的垂直绿化和观赏植物，适宜栽植于公园棚架和花廊，景观效果极佳	花紫色	4~5月
3		藤本月季	藤本灌木，落叶，喜光，喜温暖背风且空气流通顺畅的环境，喜肥沃且排水良好的土壤。花形丰满，花色艳丽且丰富，花期较长，是立体绿化中较常用的材料之一	花红色、粉色等	3~9月
4		凌霄花	攀缘藤本植物，喜光，喜温暖湿润的气候，稍耐荫，较耐水湿。凌霄花漏斗状的花形美丽，花色鲜艳，是园林绿化中的重要材料之一。可栽植于墙头、廊架等地，也可经过轻微修剪做成悬垂的盆景放于室内	花红色、橙色等	5~8月
5		大花铁线莲	多年生草质藤本植物，喜光，喜肥沃且排水良好的土壤，耐寒，耐干旱，对环境的适应性较强。单花顶生，花朵较大，花色艳丽，可栽植于景观廊架和凉亭等地，是优良的庭院垂直绿化花卉	叶绿色、花紫色	5~6月
6		金银木	缠绕类灌木植物，常绿，木质，喜光且耐荫，耐干旱，耐水湿，适应性强。枝叶常绿，花小，有芳香，适宜栽植于庭院角落，可攀缘墙面和藤架，盛花期时，花香馥郁，白花点点	叶绿色、花白色	全年
7		五叶地锦	吸附类藤本植物，落叶，木质，喜荫湿的气候和环境，耐寒，对环境的适应性较强。叶具五小叶，新叶时叶片嫩绿，秋季变为鲜红色，色彩夺目，可作为垂直绿化植物装饰墙面和棚架，也可作为地被植物运用	新叶嫩绿色，秋叶鲜红色	3~11月
8		常春藤	常绿攀缘藤本植物，耐荫性较强，同时也能在阳光充足的环境下生长，具有一定的耐寒力。叶片呈近似三角形，终年常绿，枝繁叶茂，是极佳的垂直绿化植物。适宜栽植于墙面、拱门、陡坡和假山等地。也可以栽植于悬挂花盆中，使枝叶下垂，营造空间中的立体绿化效果	绿色	常年
9		牵牛花	缠绕类一年生草本植物，喜温暖的气候，喜光，耐干旱瘠薄，不耐寒。优良的观花藤本植物，花朵小巧可爱，花色鲜艳美丽，适宜栽植于藤架、门廊等，也可栽植于花坛、花境中	花色丰富，有蓝色、红色等	7~9月
10		三角梅	常绿攀援状灌木，喜光，喜温暖湿润的气候，不耐寒。颜色亮丽，苞片大，花期长，是庭院绿化设计时的优良材料。可栽植于院内，由于其攀缘特性，垂挂于红砖墙头，别有一番风味。可用作盆景、绿篱和特定造型，也可借助花架、拱门或者高墙供其攀缘，营造立体造型	梅红色	3~10月

3. 常用私家庭院地被植物介绍

序号	图片	植物名称	特点	色彩	观赏期
1		沿阶草	多年生常绿草本植物，喜温暖湿润的气候，喜半荫。总状花序淡紫色或白色。四季常绿，通常成片栽植于林下或水边作地被植物，也可栽植用来点缀山石、假山等	绿色	全年
2		葱兰	多年生常绿草本植物，喜温暖湿润的气候，喜阳光充足的环境，不太耐寒。植株挺立，带状栽植郁郁葱葱。因其叶片四季常绿，可成片带状栽植于花坛边缘和草坪边缘，较常使用于路边小径的地面绿化，是良好的地被植物	叶浓绿、花洁白	全年
3		玉簪	喜阴湿的环境，喜肥沃深厚的土层，耐寒，不耐强阳光直射。荫性植物，耐荫，喜荫湿的环境，适宜栽植于林下草地丰富植物群落层次。玉簪叶片秀丽，花色洁白，且具有芳香，花于夜晚开放，是优良的庭院地被植物	叶绿色、花白色	6~9月
4		红花酢浆草	多年生草本植物，喜温暖湿润的气候，喜阳光充足的环境，耐干旱，较耐荫。叶片基生，3片小叶，呈心形，甚为美丽，花小色红，花日出而开，日落而闭，常成片栽植于林下作地被植物，带状栽植于草坪中，万绿丛中一条红带，景观效果佳	花红色	3~12月
5		石竹	喜光，喜肥沃深厚的土壤，耐寒，耐干旱，不耐炎热，不耐水湿。茎直立，花色艳丽且色彩丰富，花瓣边缘似铅笔屑。是花坛、花境的常用材料，也可用来点缀草坪及坡地，栽植于行道树的树池中也是一道美景	花红色等	5~9月
6		银边翠	喜光，喜温暖向阳的环境，喜肥沃疏松的土壤，耐干旱，不耐寒。顶叶边缘为白色，叶脉处为翠绿，叶片颜色奇特，青白相间，甚是美丽。可栽植于庭院中、公园等地，也可用来布置花坛、花境和花丛等，是良好的背景材料	叶绿色、白色	6~9月
7		绣线菊	喜光，喜温暖湿润的气候，喜肥沃深厚的土壤，耐寒，耐干旱，耐修剪，稍耐荫。花开于少花的夏季，白色可爱，花期较长，是良好的庭院观赏植物	花白色	6~8月
8		鸢尾	喜光，喜湿，喜湿润且排水良好的土壤，可生长于沼泽、浅水中，耐寒，耐半荫。叶片清秀翠绿，花色艳丽且花形似翩翩蝴蝶，是庭院绿化的优良花卉，可栽植于花坛、花镜中，也可栽植于湖边溪畔	花蓝紫色	4~6月
9		彩叶草	多年生草本植物，喜高温多雨的气候，喜阳光充足的环境。叶片色彩丰富，是较好的观叶植物，可栽植于花坛花境中，或者点缀于山石间和绿植丛中	叶片五彩斑斓	7~10月
10		肾蕨	多年生草本植物，喜温暖湿润较荫蔽的环境，忌阳光直射。应用比较广泛的观赏蕨类植物。由于其叶片细腻翠绿，姿态动人，可用来点缀山石、假山，也可作为地被植物栽植于林下和花境边缘。近几年肾蕨在插花艺术中也有不少体现	绿色	全年

4. 常用私家庭院绿篱植物介绍

序号	类别	图片	植物名称	特点	观赏期
1	绿篱		小叶黄杨	黄杨科常绿灌木或小乔木，生长缓慢，树姿优美。叶对生，革质，椭圆或倒卵形，表面亮绿，背面黄绿。花黄绿色，簇生叶腋或枝端，花期4～5月，尤适修剪造型	全年
2	绿篱		小叶女贞	枝叶整齐，耐修剪，是庭院中较常见的景观绿化植物，可以与红花檵木、红叶石楠等植物搭配种植，是重要的绿篱植物	全年
3	绿篱		雀舌黄杨	常绿矮小灌木，分枝多而密集，枝叶繁茂，叶形别致，四季常青，常用于绿篱、花坛。可修剪成各种形状，用来点缀入口	全年
4	绿篱		黄杨	常绿灌木或小乔木，分枝多而密集，枝叶繁茂，叶形别致，四季常青，常用于绿篱、花坛。可修剪成各种形状，用来点缀入口。较少作为乔木栽植	全年
5	彩叶篱		紫叶小檗	春开黄花，秋缀红果，叶、花、果均具观赏价值，耐修剪，适宜在园林中作花篱或修剪成球形对称配置，广泛运用在园林造景当中	全年
6	彩叶篱		红花檵木	常绿小乔木或灌木，花期长，枝繁叶茂且耐修剪，常用作园林色块、色带材料。与金叶假连翘等搭配栽植，观赏价值高	全年
7	彩叶篱		金叶女贞	叶色金黄，具有较高的绿化和观赏价值。常与红花檵木配植做成不同颜色的色带，常用于园林绿化和道路绿化中	全年
8	彩叶篱		金边黄杨	金边黄杨为大叶黄杨的变种之一，常绿灌木或小乔木，适宜与红花檵木、南天竹等观叶植物搭配栽植	全年
9	花篱		栀子花	常绿灌木，喜光，喜温暖湿润的气候，适宜阳光充足且通风良好的环境。花色纯白，花香宜人，是良好的庭院装饰材料，可以丛植于墙角，或修剪为高低一致的灌木带与红花檵木、石楠等植物一同配植于公园、景区、道路绿化区域等地	4~6月
10	花篱		月季	又称"月月红"，自然花期为5～11月，开花连续不断，花色多为深红、粉红，偶有白色。月季花被称为"花中皇后"，在园林绿化中，使用频繁，深受各地园林的喜爱	5~11月

序号	类别	图片	植物名称	特点	观赏期
11	花篱		杜鹃	常绿灌木。品种丰富，花色多，是理想的植物造景材料。可栽植于林下营造花卉色带	4~7月
12	花篱		六月雪	喜较荫蔽环境，耐干旱，稍耐寒。花如其名，于六月左右开白色小花，似雪花一般。枝叶繁茂，是优良的观花观叶植物	5~6月
13	果篱		天目琼花	落叶灌木，树态清秀，复伞形花序，花开似雪，果红似火，叶形美丽，秋季变红。孤植、丛植、群植均可	5~9月
14	果篱		火棘	园林绿化中常见的常绿灌木或小乔木，树形优美，春季、初夏开白花，繁花满树，美丽动人，秋季有红色果实，是装点庭院丰富景观色彩的优良造景材料	全年
15	果篱		枸骨	叶形奇特，叶片亮绿革质，四季常绿，秋季果实为朱红色，颜色艳丽，是良好的观叶、观果植物，可以栽植于道路中间的绿化带和庭院角落。因其叶片较硬，叶形锋利，不建议在儿童空间等地栽植	全年
16	果篱		冬青	枝叶繁茂，树形优美，枝叶全年常绿青翠。可栽植于公园、广场、庭院、道路两侧等地用来美化环境。因其四季常青，管理较为粗放，也可修剪成灌木状或者带状绿化带进行园林绿化使用	全年
17	刺篱		刺柏	常绿小乔木或灌木，树形优美，耐寒耐旱，抗逆性强，叶片苍翠，冬夏常青，果红褐或蓝黑色，具有良好的净化空气、改善城市小气候的特点	全年
18	刺篱		小檗	落叶小灌木，可观叶、观花、观果，耐修剪，可丛植或做绿篱，也可做盆栽观赏	8~9月
19	刺篱		柞木	常绿小乔木或灌木，幼枝有刺，可栽植于庭院、公园等地作园景树或者列植于道路两侧作行道树。也可与其他常绿树种混交栽植成林	全年
20	刺篱		枸橘	树冠扇形或圆形，枝条绿色有刺，春季时花先于叶开放，秋季时硕果累累，果实黄艳。其枝叶耐修剪，可以修剪成各种各样造型，在园林中可以栽植作刺篱使用	全年

5. 常用私家庭院意境植物介绍

序号	图片	植物名称	意境特点
1		松树	松树寿命长，树形古朴优美，为百木之长，是广泛被视为吉祥长寿的树种
2		槐树	槐树栽培历史悠久，且用处颇多，汉族人民自古对槐树就有一种崇拜和信仰，槐树生命力旺盛，是吉祥、祥瑞的象征
3		桃树	桃制百鬼、桃木吉祥。在古代人眼中桃树是正直的树种，具有不畏鬼神的力量，所以在庭院内栽植桃树也是很好的
4		石榴	石榴多籽，有多子多福的寓意
5		合欢	合欢有夫妻恩爱和谐、婚姻美满的寓意
6		梅花	梅花开在寒冬时节，被人们称赞具有"凌寒独自开"的气节，也有"报春花"之称
7		枣树	枣字谐音"早"，有早生贵子的寓意
8		玉兰、海棠、牡丹、桂花	这四种植物搭配栽植，有"玉棠富贵"的吉祥寓意

宁康园

风格与特点：

- 风格：欧式庭院风格。
- 特点：花园场地整体规整，设计师在各区域采用不同元素的造景手法，让庭院美景在有限的空间中富有变化。

实例解析

- 设计公司：云南朴树园林绿化工程有限公司
- 设 计 师：王真兰
- 项目地点：云南昆明
- 项目面积：60m²

景观植物：乔木——金桂、紫竹等。

灌木——清香木、红豆杉、海桐、花叶黄连翘、蔷薇、造型榕树等。

地被——天竺葵、薰衣草、沿阶草、仙人球、虎尾兰、四季秋海棠、常春藤、木茼蒿、石竹等。

植物景观设计：金桂 + 紫竹 - 清香木 + 红豆杉 + 花叶黄连翘 + 海桐 - 天竺葵 + 薰衣草 + 沿阶草 + 仙人球 + 虎尾兰 + 四季秋海棠 + 常春藤

点评：花园场地整体规整，设计师为了让每一个区域有明显分隔，各区域采用了不同元素的造景手法，使得空间运用更合理，为业主创造一个喝茶、闲聊的小环境。

植物名称：金桂
终年常绿，是行道树的好的选择。秋季开花，花色金黄色，花香浓郁，可营造观花闻香的景观意境，常被用作园景树，可孤植、对植、丛植于庭院或景区。

②

植物名称：红豆杉
常绿树种，是珍贵的濒危树种。也可用来美化室内外景观环境。红豆杉终年常绿，叶形小巧精致、叶色浓绿有光泽，果实小而红艳，挂于枝头，别样美丽。

植物名称：海桐

叶光滑浓绿，四季常青，可修剪为绿篱或球形灌木用于多种园林造景，而其良好的抗性又使之成为防火防风林中的重要树种。

植物名称：天竺葵

花色繁多，西方国家常用于阳台装饰。

植物名称：薰衣草

常绿的芳香灌木，丛生，多分枝，直立生长，花色有蓝、深紫、粉红、白等色，常见的为紫蓝色，花期 6 ～ 8 月。花色优美典雅，是庭院中一种新的多年生耐寒花卉，适宜花径丛植或条植，成片种植，效果迷人。

植物名称：沿阶草

终年常绿，叶色淡绿，花直立挺拔，花色淡紫，是良好的观叶植物。可栽植于灌木丛下或林下。

植物名称：仙人球

仙人掌科球状多肉植物，喜高温干旱的气候，茎呈球形，整株绿色，具有一定观赏价值，且其吸附灰尘、净化空气的能力也较高。是室内室外优良的绿化装饰植物。

植物名称：虎尾兰

叶片宽大，叶色翠绿，有多个品种，如金边虎尾兰等。叶形、叶色均具有观赏价值，适用于室内、室外景观中。

植物名称：清香木

常绿小乔木或灌木，叶片细小，复叶互生，叶色亮绿有光泽，嫩叶红色，叶片富含清香。适宜作为庭院绿植栽植，可美化环境、净化空气。

植物名称: 四季秋海棠

肉质草本植物，植株低矮，叶色光亮，花朵较小但是紧凑，花色娇艳，是庭院装饰和园林绿化中较常使用的装饰花卉材料。可以用来布置花坛、花钵，也可搭配其他观花观叶植物，营造花团锦簇的效果。

植物景观设计: 金桂－红豆杉＋榕树－仙人球＋虎尾兰＋四季秋海棠＋米仔兰＋沿阶草＋薰衣草＋天竺葵

点评: 昆明气候温和，植物易搭配如仙人球、吊竹梅等凸显简单随意的感觉。走过青石板汀步，一个景墙平台、一张秋千，夏日午后，秋日傍晚，三五好友或赏月或闲聊，花草芬芳，萤虫悦动。

植物名称: 米仔兰

常绿小乔木或者灌木，叶形小巧，花小洁白，且具有浓香。

植物名称: 榕树

即细叶榕，树形高大，树姿古朴有雅韵。榕树有气根，气根成片垂掉下来，像珠帘一般。落到地表上的气根可以入土生根继续生长，能够形成一树成林的奇观，是园林绿化中观赏价值颇高的绿化树种。由于榕树的根系发达，过于发达的根系容易挤压断裂地面，所以，榕树不太适宜作为行道树栽植于道路两旁。株形优美的榕树小苗也可制作成盆栽用来装饰空间、美化环境。

1 植物名称：常春藤
常绿攀缘藤本植物，耐荫性较强，常春藤叶片呈近似三角形，终年常绿，枝繁叶茂，是极佳的垂直绿化植物。适宜栽植于墙面、拱门、陡坡和假山等地。也可以栽植于悬挂花盆中，使枝叶下垂，营造空间中的立体绿化效果。

2 植物名称：木茼蒿
俗称"玛格丽特"，木质化灌木植物。头状花序，花朵小巧别致，花色有白色、粉色等颜色，是营造美丽花坛、花境的良好材料。

3 植物名称：吊竹梅
因其叶片似竹叶，故取名为吊竹梅。株形饱满，叶片颜色淡雅，浅绿色中间夹杂着淡紫色，是优良的观叶植物。因其喜半荫的特点，比较适宜栽植于没有阳光直射的墙角、假山附近，也可栽植于林下作为地被植物。

4 植物名称：石竹
茎直立，花色艳丽且色彩丰富，花瓣边缘似铅笔屑。是花坛、花境的常用材料，也可用来点缀草坪及坡地，栽植于行道树的树池中也是一道美丽的风景。

5 植物名称：蔷薇
蔷薇属植物的总称，是有名的观赏花灌木，蔷薇属植物花色鲜艳丰富，品种繁多，花形各异，是园林绿化尤其是庭院绿化的良好材料。

6 植物名称：黄连翘
落叶灌木植物，花朵先于叶片开放，花香淡雅，花色金黄，十分美丽。

7 植物名称：紫竹
由于其干色彩与其他品种竹类色彩不同而命名，是传统的观干竹类，竹干光滑且色泽光亮，适宜栽植在庭院山石之间，与黄金间碧玉竹、斑竹等其他品种竹类一同栽植颇有特色。

植物景观设计：金桂－红豆杉＋榕树－仙人球＋虎尾兰＋四季秋海棠＋米仔兰＋沿阶草＋薰衣草＋天竺葵

点评：设计师巧妙利用造景剩余的材料红砖，搭配三两只花钵，在庭院围墙的一角，也能随意制造出一些田园氛围的精致。

玖岛梦

风格与特点：

- 风格：欧式庭院风格。
- 特点：
1) 以打造宁静、清爽、贴近自然的庭院景观为设计原则。
2) 以自然和生态作为整体设计的核心思想。
3) 色彩方面，突出主题色彩，并形成整体性和统一性。
4) 较多地运用庭院装饰摆件和饰品，突出温馨、静谧的空间氛围。

实例解析

- 设计公司：京品庭院
- 设 计 师：蔡志兵
- 项目地点：江苏省南京市
- 项目面积：200m²

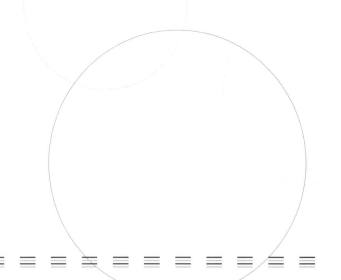

景观植物：乔木——紫薇、枇杷、棕榈、红枫、橘树、金桂、银杏等。

灌木——红叶石楠、金桂、茶梅、月季、南天竹、小叶女贞、栀子花、金银花、凌霄花等。

地被——常春藤、五色梅、香叶天竺葵、绿萝、紫叶草、孔雀草、鸢尾、白掌、矮牵牛等。

　　一个漂亮的花园离不开主人的参与，本案在风格上以欧式风格为主。整个花园在营造过程中，业主与我们进行了充分的沟通，且业主本身是一个极具生活情调的人，所以大家一拍即合。

　　花园虽美，但在日后的使用过程中也需要业主的精心打扫保洁，不断加入新的花卉和饰品，让花园时刻保持清新动人的感觉。不必担心户外桌椅上有灰尘，在花园里和家里一样，想坐就坐，因为这是一个室外的客厅。如此每年春天到来之际即可看到"桃李初红破"的美景！

植物名称：芭蕉

多年生常绿草本植物，叶片宽大，株形优美。栽植于庭院别有一番风味。每逢下雨时刻，便有雨打芭蕉的诗画意境。

植物景观设计：芭蕉＋橘树＋棕榈－红叶石楠＋茶梅－花叶蔓长春＋鸢尾＋金叶牛至

点评：前院入口以花岗石铺设的地面为开始，左侧是一个小平台，搭配铸铝桌椅，旁边是鱼池，此处方便业主在休闲之余可邀三五好友品酒赏鱼，尽享生活乐趣。

植物名称：鸢尾

鸢尾观赏价值较高，叶片剑形，形态美丽，花型大且美丽，较耐荫，可栽植于林下和墙角边，景观效果好。

植物名称：茶梅

常绿花灌木，花多美丽，常用于林边、墙角作为精致配植，也可作为花篱及绿篱。

植物名称：棕榈

喜光，喜温暖湿润的气候，极耐寒，耐干旱，耐水湿。棕榈是棕榈科植物中最耐寒的种类，四季常绿。

植物名称：金叶牛至

多年生草本植物，植物具有芳香，叶片金黄色。因其适应性较强，管理比较便捷，常被用作地植物栽植于庭院、花园中，可以打造花境、花坛景观。

↑ 植物景观设计：红枫＋橘树＋芭蕉－红叶石楠＋黄瓜－
花叶蔓长春＋鸢尾

植物名称：红叶石楠
常绿小乔木，红叶石楠春季时新长出来的
嫩叶红艳，到夏季时转为绿色，因其具有
耐修剪的特性，通常被做成各种造型运用
到园林绿化中。

植物名称：红枫
其整体形态优美动人，枝叶层次分明飘逸，
广泛用作观赏树种，可孤植、散植或配植，
别具风韵。

植物名称：花叶蔓长春
叶色斑驳，枝条蔓性，可作为地被和低矮
灌木层栽植。

点评：往后院会通过木质拱形花架，在此处设计成了菜园，种植经常食用的蔬菜，健康环保，隔之不远即是另外一个木质廊架，此处空地较人，适合多人聚会烧烤。

植物景观设计：金桂 + 枇杷 + 紫薇 - 红叶石楠 + 栀子花 - 香叶天竺葵 + 常春藤 + 西红柿 + 绿萝 + 紫叶草 + 孔雀草 + 月季

点评：作为北入口通向后院的过道处，设计师为业主设计了一处休憩过道空间，红褐色花架下是藤质户外家具。夏日慵懒的午后时光，便可以在这里喝茶、闲聊。

植物名称：香叶天竺葵
多年生草本花卉植物，是芳香植物的一种。其叶片和花具有浓郁的香味，可栽植于庭院、花园、花境和花坛中，是比较受欢迎的园林绿化花卉。

植物名称：常春藤
常绿攀缘藤本植物，耐荫性较强，常春藤叶片呈近似三角形，终年常绿，枝繁叶茂，是极佳的垂直绿化植物。适宜栽植于墙面、拱门、陡坡和假山等地。也可以栽植于悬挂花盆。

植物名称：金桂

终年常绿，是行道树的好的选择。秋季开花，花色金黄，花香浓郁，可营造观花闻香的景观意境，常被用作园景树，可孤植、对植、丛植于庭院和景区。

植物名称：枇杷

喜光，喜温暖气候，稍耐荫，稍耐寒，不耐严寒。可栽植于庭前屋后。

植物名称：绿萝

常用的园林、室内常绿藤本装饰植物，其缠绕性强，对环境的要求不高，绿萝叶片翠绿色，叶形秀丽，四季常青，是极佳的观叶植物，适宜用于墙面、绿化，也可栽植于林下、花钵中。

植物名称：紫叶草

鸭跖草科多年生草本植物，全株紫红色，叶形似竹叶，夏秋季节开花，花色粉红色。适应能力较强，管理粗放，是庭院绿化的较好的选择。

植物名称：孔雀草

一年生草本植物，茎直立，花色橙色、黄色，极为耀眼，花日出而开，日落而闭。

植物名称：栀子花

百合科多年生草本，成丛生长，花茎自叶丛中生出，花小，浅紫或青蓝色，总状花序，花期7～8月。

植物名称：月季

又称"月月红"，自然花期为5～11月，开花连续不断，花色多深红色、粉红色，偶有白色。月季花被称为"花中皇后"，在园林绿化中，使用频繁，深受各地园林的喜爱。

植物景观设计：紫薇＋枇杷＋红枫　月季﹣常青藤＋玫瑰＋南天竹｜五色梅

点评：悬挂的小花盆和爱意融融的麋鹿一家、忠实的家犬等物件装饰，让整个花园不仅具有景观的美感，也体现了生物与自然的和谐。两者相得益彰，互相映衬。

植物名称：紫薇
落叶小乔木或灌木，又称为"痒痒树"。树干光滑，用手抚摸树干，植株会有微微抖动。红花紫薇的花期是 5~8 月，花期较长，观赏价值高。

点评：园路的尽头设计了一小块广场铺装，并在铺装的中心设计了中国风的八卦鹅卵石，即美观，又对业主的身体起到保健作用。可爱的麋鹿一家显得尤为生动、鲜活。

植物名称：玫瑰
蔷薇科落叶灌木植物，玫瑰花与月季花相比，花形更小，花色种类少，主要有紫红色、粉红色等。可用于庭院中作观赏花卉植物。

植物名称：南天竹
常绿木本小灌木。南天竹叶片互生，到秋季时叶片转红，并伴有红果，株形秀丽优雅，不经人工修剪的南天竹有自然飘逸的姿态，适合栽植在假山旁，林下，是优良的景观造景植物。

植物名称：五色梅
常绿灌木，栽植于南方城市，一年四季开花，景观效果好。

植物名称：矮竹

禾草类植物，种类多，枝干挺拔修长，四季青翠，凌霜傲雪，倍受中国人民喜爱，享有"梅兰竹菊"四君子之一，"梅松竹"岁寒三友之一等美称，深受文人墨客的钟爱，现常出现在庭院中，用于造景。

植物名称：凌霄花

漏斗状的花形态美丽，花色鲜艳，是园林绿化中的重要材料之一。可栽植于墙头、廊架等地，也可经过轻微修剪做成悬垂的盆景放于室内。

植物名称：银杏树

树形优美，树干高大挺拔，叶形奇特美丽，叶色秋季变为金黄色，是优良的行道树和庭院树种。

植物景观设计：红枫＋银杏－矮竹＋月季＋小叶女贞＋金银花－凌霄花＋白鹤芋＋花叶蔓长春＋矮牵牛

点评：在庭院的北入口，以拱形木门花架作为入口，配置攀爬的藤本植物（花叶蔓长春），逐渐吸引人们来欣赏园内的风景。进入庭院的地面以草坪为主，夹杂自然式的碎拼板岩，为业主的饭后休闲打造一条舒适的小路。

④ 植物名称：小叶女贞

枝叶整齐耐修剪，是庭院中较常见的景观绿化植物，可以与红花檵木、红叶石楠等植物搭配种植，是重要的绿篱植物。

⑤ 植物名称：白鹤芋

多年生常绿草本植物，叶片翠绿，佛焰花苞洁白，株形秀丽清雅，可丛植于庭院内较荫蔽的环境和林下，也可作为盆栽放于室内美化环境、净化空气。

⑥ 植物名称：金银木

花果均有较高观赏价值的花灌木。春季可赏其花闻其味，秋季可观其累累红果。花色初为白色，渐而转黄，远远望去，金银相间，甚为美丽。金银忍冬可丛植于草坪、山坡和建筑物附近。

⑦ 植物名称：矮牵牛

花色丰富，有白色、红色、紫色、黄色等，在园林造景中较常见。

玛斯兰德红木林

风格与特点：

- 风格：欧式庭院风格 + 东方禅意风格。
- 特点：本案例所展示的庭院由于与建筑的相对位置比较特殊，设计师在充分考虑各方面因素的条件下，设计了互不影响的两种庭院风格空间。

实例解析

- 设计公司：京品庭院
- 项目地点：江苏省南京市
- 项目面积：280m²

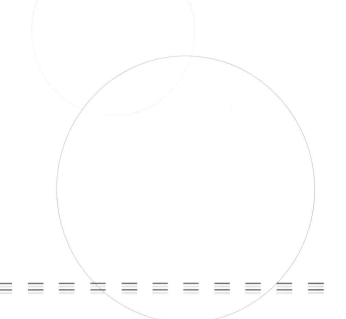

景观植物：乔木——棕榈、刚竹、冬枣、金桂、杨梅、白玉兰、广玉兰、红枫、石榴、芭蕉等。

灌木——三角梅、海桐、八角金盘、金叶黄杨、苏铁、栀子花、络石、云南素馨、红叶石楠、南天竹、茶梅等。

地被——八仙花、牵牛花、花叶蔓长春、矮牵牛、毛杜鹃、紫叶草、凤仙花等。

花园作为家庭建筑的一部分，它代表的是一个精神空间，而室内更像是物质空间。建筑室内解决了我们的吃穿住等基本的物质需要，但花园空间的功能似乎不这么实际，对有些人来讲甚至是可有可无；花园属于对生活有更高追求的人，更是一种精神上的诉求，代表着一种境界，所以我把花园理解为是一种精神空间！

花园的风格要尽可能地与建筑风格相协调，除非是花园中的角落或者是小面积的花园可以不根据建筑风格来设计。在这个案例中，我们就做了两种风格，因为花园是分在建筑两侧，所以不同风格也互不干扰。东侧花园较大，必须考虑到与建筑的呼应协调，因此把花园营造成了带有浓郁的南欧风情的欧式风格。欧式筒瓦的凉厅、爬满紫藤的花架、室外壁炉、贴满花砖的花坛、跌层的喷泉池、烧烤台、复古的地面瓷砖、下沉式的台阶花墙、各式开花植物的搭配等等这些元素构成了一个景观层次丰富，氛围感强烈的欧式私家花园！针对现有围墙较低，私密性及氛围感都较差，我们把花园下挖设计成了下沉式的感觉，花园的氛围及私密性都增强了很多。

因为西花园对着的是落地玻璃的书房，且院子不大，所以打造成带有禅意意境的东方园林风格，用石子，青砖，古井，麦冬，竹林等元素来营造。

植物名称：云南黄馨
常绿半蔓性灌木，枝条垂软柔美，金黄色花，花果期 3~4 月。

植物名称：金叶黄杨
常绿灌木或小乔木，适宜与红花檵木、南天竹等观叶植物搭配栽植。

植物名称：矮牵牛
花色丰富，有白色、红色、紫色、黄色等，在园林造景中较常见。

植物名称：茶梅
常绿花灌木，花多美丽，常用于林边、墙角作为精致配植，也可作为花篱及绿篱。

植物名称：杨梅
小乔木或灌木，树冠饱满，枝叶繁茂，夏季满树红果，甚为可爱，可做点景植物或用作庭荫树，更是良好的经济型景观树种。

植物名称：金桂
终年常绿，是行道树的好的选择。秋季开花，花色金黄，花香浓郁，可营造观花闻香的景观意境，常被用作园景树，可孤植、对植、丛植于庭院和景区。

植物名称：四季秋海棠
肉质草本植物，花色娇艳，植株低矮，叶色光亮，花朵较小但是紧凑，是庭院装饰和园林绿化中较常使用的装饰花卉材料。可以用来布置花坛、花钵。搭配其他观花观叶植物，营造花团锦簇的效果。

植物名称：苏铁
常绿棕榈状木本植物，雌雄异株，是世界最古老树种之一。树形古朴，茎干坚硬如铁，体形优美，制作盆景可布置在庭院和室内，是珍贵的观叶植物，盆中如配以巧石，则更具雅趣。

植物名称：络石
常绿藤本植物，观赏性较高，较耐修剪，可以栽植于林下做地被材料，同时也是花坛、花境的点缀植物。

植物景观设计：杨梅＋刚竹＋白玉兰＋冬枣＋广玉兰－金桂＋红枫＋三角梅＋金桂－八仙花＋金叶黄杨＋茶梅＋苏铁＋络石＋三角梅－云南黄馨＋矮牵牛＋四季秋海棠－紫藤

点评：上下两层的庭院绿意盎然，在靠近庭院外围的院墙附近栽植了部分枝叶繁茂的乔木和灌木，枝繁叶茂、郁郁葱葱，形成一片绿色的景墙，将庭院外的喧嚣隔离开来。

植物名称：红枫
其整体形态优美动人，枝叶层次分明飘逸，广泛用作观赏树种，可孤植、散植或配植，别具风韵。

植物名称：刚竹
竹干挺拔秀丽，枝叶翠绿，常配植于建筑物前后做基础种植，也可栽植于山坡、假山处用来点缀和烘托意境。

植物名称：白玉兰
花大色白，花先于叶开放。盛花期时，满树白花，甚为壮观。是观赏价值很高的庭院绿化树种。

植物名称：紫藤
紫藤花大，色彩艳丽，花色为紫色，盛花期时，满树紫藤花恰似紫色瀑布一般，是优良的垂直绿化和观赏植物，适宜栽植于公园棚架和花廊，景观效果极佳。

植物名称：冬枣
落叶小乔木，叶片卵圆形，花朵黄绿色，果实长椭圆形，绿色中带有红色，成熟果实为枣红色，果实的食用价值高，也可栽植于公园、庭院等地作观赏树种。

植物名称：广玉兰
常绿小乔木，又被称作为荷花玉兰，其树形高大雄伟，叶片宽大，花如荷花，适宜孤植、群植或丛植于路边和庭院中，可作园景树、行道树和庭荫树。

植物景观设计：三角梅＋八角金盘＋法国冬青＋栀子花-八仙花＋牵牛花-紫藤

点评：花架上的紫藤花，在春季盛花期时，形成的浪漫紫色花海成为整个东侧花园的焦点。

植物名称：八仙花
株形丰满，花朵大而美丽，花色多变，初开时为白色，渐而转为蓝色及粉色，花色或洁白或艳丽。可成片栽植于草坪或林缘，繁花似锦，美丽非凡。

植物名称：三角梅
常绿攀缘灌木，又被称为九重葛、毛宝巾、勒杜鹃。由于其花苞叶片大，色泽艳丽，常用于庭院绿化。

植物名称：八角金盘
南天星科草本植物，叶掌状，耐荫蔽，是良好的地被植物。

植物名称：法国冬青
又名珊瑚树，优良的常绿灌木，耐修剪，抗性强，常用作绿篱。

植物名称：栀子花
常绿灌木，喜光，喜温暖湿润的气候，适宜阳光充足且通风良好的环境。花色纯白，花香宜人，是良好的庭院装饰材料，可以丛植于墙角，或修剪为高低一致的灌木带，与红花檵木、石楠等植物一同配植于公园、景区、道路绿化区域等地。

植物名称：牵牛花
优良的观花藤本植物，花朵小巧可爱，花色鲜艳美丽，适宜栽植于藤架、门廊等处，也可栽植于花坛、花境中。

植物景观设计：海桐 + 刚竹 + 红叶石楠 - 毛杜鹃 + 南天竹 - 紫叶草 + 栀子花 + 凤仙花

点评：镶嵌着狮子图案的喷水景观十分生动，水柱从喷水孔中跌落到池里，水声清脆，为安静的小院一隅注入了生机。景墙的后方是一丛南天竹，深秋时节，南天竹枝叶变红，与毛杜鹃翠绿的叶片形成对比，别有一番风味。

多年生常绿草本植物，叶片宽大，株形优美。栽植于庭院别有一番风味。每逢下雨时刻，便有雨打芭蕉的诗画意境。

落叶小乔木或灌木，热带地区常作常绿树种栽培。石榴花大且颜色鲜艳，果实硕大、红艳，是园林绿化中优良的观花观果树种。

花多，可修剪成形，也可与其他植物配合种植形成模纹花坛，或独立成片种植。

植物名称：海桐
叶态光滑浓绿，四季常青，可修剪为绿篱或球形灌木用于多种园林造景，而良好的抗性又使之成为防火防风林中的重要树种。

植物名称：紫叶草
鸭跖草科多年生草本植物，全株紫红，叶形似竹叶，夏秋季节开花，花色粉红色。适应能力较强，管理粗放，是庭院绿化的较好的选择。

植物名称：南天竹
常绿木本小灌木。叶片互生，到秋季时叶片转红，并伴有红果，株形秀丽优雅，不经人工修剪的南天竹有自然飘逸的姿态，适合栽植在假山旁、林下，是优良的景观造景植物。

植物名称：凤仙花
花色丰富，有红色、淡紫色、粉色等多种颜色，花形秀丽美艳。可用来点缀和装扮花坛、花丛等，丰富花坛景观的植物种类和色彩。

植物景观设计：杨梅 + 芭蕉 + 海桐 + 刚竹 + 红叶石楠 + 石榴 + 铁树 + 南天竹 + 矮牵牛 + 毛杜鹃 + 八仙花 + 络石 + 紫叶草 + 栀子花 + 凤仙花 + 毛杜鹃

植物名称：红叶石楠
常绿小乔木，红叶石楠春季时新长出来的嫩叶红艳，到夏季时转为绿色，因其具有耐修剪的特性，通常被做成各种造型运用到园林绿化中。

植物名称：福禄考
一年生草本花卉植物，其花期较长，可达 4 ～ 6 个月之久，花色丰富，管理较粗放，是花坛、花境的良好选择。

植物景观设计：刚竹 + 棕榈 - 福禄考 + 细叶萼距花 + 半支莲 + 花叶蔓长春

植物名称：细叶萼距花
常绿小灌木，又被称为紫雪茄花或细叶雪茄花，植株较低矮，叶片细小翠绿，花朵较小，颜色紫红，是花坛装饰的良好地被植物。

植物名称：半枝莲
多年生草本植物，花色鲜艳，花期较长，是观赏价值较高的草本花卉，适合栽植于花钵、花坛和花境等地。

植物名称：棕榈
喜光，喜温暖湿润的气候，极耐寒，耐干旱，耐水湿。棕榈是棕榈科植物中最耐寒的种类，四季常绿。

植物名称：花叶蔓长春
多年生草本植物，植物具有芳香，叶片金黄色，因其适应性较强，管理比较便捷，常被用作地被植物栽植于庭院、花园中，可以打造花境、花坛景观。

↑ 点评：庭院一角的假山石被安放在转角处，符合"瘦、透、漏、皱"标准的景石与这一处竹林下的氛围显得尤为合适。

→

点评：通过石子、青砖、古井、麦冬、竹林等元素来营造禅意空间，这些元素的特点是日后维护简单，甚至不用维护，色彩淡雅，达到持久永恒不变的景观特点，和书房的氛围相得益彰。这里没有繁花似锦，没有矫揉造作，一切皆显得清、淡、雅、净！

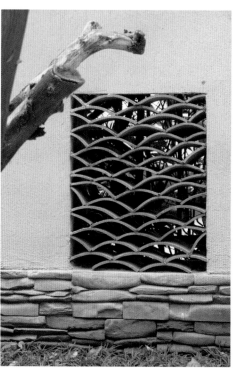

燕西华府

风格与特点：

● 风格：赖特式自然风格。

● 特点：本项目是位于燕西华府的别墅花园，是围绕着建筑的"U"形花园，建筑具有典型的赖特式建筑风格，以接近自然、模拟自然、忠于自然的材料，建造现代简洁的外形。设计师将花园与建筑完美结合，充分地考虑赖特式建筑的装饰元素以及自然的材质，打造出一个自然、生态的花园景观。

实例解析

- 设计公司：和平之礼
- 设计师：杨姿倩
- 项目地点：北京市
- 项目面积：230m²

景观植物：乔木——玉兰、鸡爪槭、柿树、丁香、木槿、紫薇、五角枫、欧洲雪球等。

灌木——大叶黄杨、金叶女贞、女贞、美人蕉、牡丹、连翘、锦带、绣线菊等。

地被——八仙花、鸢尾、八宝景天、佛甲草、紫菀、紫苏、松果菊、射干、吊兰、银叶菊、玉簪、婆婆纳、山桃草等。

藤本——藤本月季、扶芳藤。

　　花园的植物种植本着"三季有花、四季有景"的原则，在种植上以本地黄杨球、北海道黄杨、云杉等常绿植物为背景，其他多采用本地观花观叶乔灌木及宿根花草类。叶、花、果各异的形状及丰富的色彩能使花园更加的有生气和氛围。柔和曲线形的种植方式和生长茂盛的花草树木柔化了房屋生硬的线条。多种多年生的植物成簇种植，在色彩和外观上大大地强化了花园的视觉效果。

　　花园不应该只局限在白天欣赏，增加不同的灯光效果会令夜色里的花园更加具有魅力。最有效的花园灯光，照亮的不是观赏者，而是被观赏的物体和空间。草坪灯照亮花园小径，确保夜间行走的安全，同时营造出轻松似水的氛围；高杆灯可以延长户外活动的时间；壁灯增加了使用空间的亮度。总之，不同区域有不同的灯光设计。

　　总的来看，花园的规划是花园设计的最重要的部分，花园在设计师的手下得以进行合理的空间划分，充分地满足了主人对于花园的各方面需求。花园是满足我们需要和激发我们想象力和灵感的地方，让我们去体会这有限空间中的无限世界吧！

1 合欢树　　2 置石　　3 操作台

4 休闲铺装区　5 植物花镜　6 北海道黄杨篱

7 花园甬道　8 中转区　9 格栅架

10 菜池　　11 绿篱　　12 花境

13 小型会客区　14 艺趣涌泉　15 种植箱

16 格栅架　　17 木铺　　18 装饰椅

19 储物柜

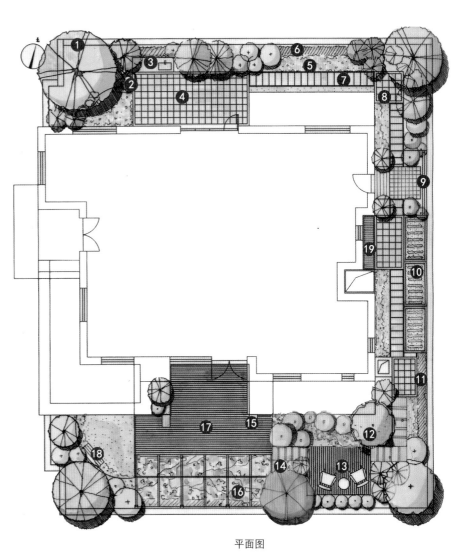

平面图

植物景观设计：玉兰－丁香＋鸡爪槭＋大叶黄杨－大叶黄杨球＋细叶芒＋金叶女贞＋八仙花－鸢尾＋八宝景天＋紫菀＋紫苏＋松果菊＋佛甲草－藤本月季

点评：南花园是花园活动的主要区域。从室内出来迎面对着的是与建筑顶棚衔接的花架，红棕色的花架与建筑上的颜色相呼应，简洁的造型与植物相映衬，不仅作为屏障阻隔了邻居的视线，同时也增强了花园的厚重感。

出门的铺装采用木质的铺装，与室内相呼应，形成一个半室内的空间。木质铺装上对称摆放两盆植物，使得入口变得隆重且正式。

植物名称：鸢尾
鸢尾观赏价值较高，叶片剑形，形态美丽，花型大且美丽，较耐荫，可栽植于林下和墙角边，景观效果好。

植物名称：大叶黄杨
大叶黄杨是一种温带及亚热带常绿灌木或小乔木，因为极耐修剪，常被用作绿篱或修剪成各种形状，较适合于规则式场景的植物造景。

植物名称：丁香
小乔木或灌木，花色洁白，花型偏小，花期为初夏时节，是北方较优良的庭院、道路绿化观花植物。

植物名称：细叶芒
多年生草本植物，叶片纤细、直立，成丛成片栽植生长，是用来营造野趣景观、丰富竖向景观层次的优良材料。

植物名称：金叶女贞
常绿灌木，生长期叶子呈黄色，与其他色叶灌木可修剪成组合色带，观赏效果佳。

植物名称：紫菀
多年生草本花卉，花型较小，花朵淡紫色，植株清新淡雅，可栽植于草坪边缘点缀。

植物名称：紫苏

一年生草本植物，叶面绿色，叶背紫红色，具有芳香，常被用作食材香料。

植物名称：松果菊

花大色艳，花多颜色丰富，松果菊是切花材料的很好选择，在园林应用中也较广泛，可栽植于花坛、花境中。

植物名称：玉兰

落叶乔木，中国著名的花木。花期3月，先叶开放，10天左右花期，花白如玉，花香似兰。树型魁伟，树冠卵形。玉兰对有害气体的抗性较强，是大气污染地区很好的防污染绿化树种。

植物名称：藤本月季

花形丰满，花色艳丽且丰富，花期较长，是立体绿化中较常用的材料之一。

植物名称：八仙花

株形丰满，花朵大而美丽，花色多变，初开时为白色，渐而转为蓝色及粉色，花色或洁白或艳丽。可成片栽植于草坪或林缘，繁花似锦，美丽非凡。

植物名称：佛甲草

景天科，多年生草本植物，适应性极强，耐寒。长江以南，四季常绿，翠绿晶莹，长江以北，春夏秋三季长势良好，花期在4～5月，是优良的地被植物，可用作屋顶绿化。

植物景观设计：紫薇 + 鸡爪槭 + 柿子树 + 木槿 + 大叶黄杨球 + 细叶芒 + 女贞 + 八宝景天 + 射干 + 荆芥 + 紫菀 + 吊兰 + 小黄菊 + 佛甲草

点评：南花园的西端设置了一块小型的花园会客区，听着沽沽流淌的涌泉，看着四面围合的植物，能让业主及其朋友们充分感受到花园生活的完美之处。

植物名称：八宝景天
多年生肉质草本植物，株高 30 ～ 50cm，植株整齐，生长健壮，管理粗放。花开时好似一片粉烟，群体效果极佳，常用来布置花坛。

植物名称：紫薇
落叶小乔木或灌木，又称为"痒痒树"，树干光滑，用手抚摸树干，植株会有微微抖动。红花紫薇的花期是 5~8 月，花期较长，观赏价值高。

植物名称：射干
多年生草本花卉，花色鲜艳橙红，花形飘逸美丽，是营造花坛、花境景观的良好材料。

植物名称：鸡爪槭
多年生落叶小乔木，叶片纤细、直立，成丛成片栽植生长，又名鸡爪枫、青枫等。叶形优美，入秋变红，色彩鲜艳，是优良的观叶树种，以常绿树或白粉墙作背景衬托，观赏效果极佳，深受人们的喜爱。

植物名称：女贞
枝叶茂密，株形整齐，是园林中常用的绿化树种，可孤植、丛植于庭院和广场。也可修剪整齐后做绿篱使用。

植物名称：荆芥
多年生草本植物，药用价值较高，偶尔栽植于庭院丰富植物种类。

植物名称：吊兰

多年生常绿草本植物，花茎从叶片中抽出，花枝下垂，枝条优美。吊兰形态优美，花色洁白，可栽植于盆中放于室内净化空气，也可栽植于庭院中，丰富景观。

植物名称：柿树

落叶乔木，树干直立，树冠庞大，秋季叶子经霜变红，非常美观，柿果成熟于九十月间，果实累累挂枝头，极具观赏效果。

植物名称：木槿

也叫无穷花，落叶灌木或小乔木，花形有单瓣、重瓣之分，花色有浅蓝紫色、粉红色或白色之别，花期6～9月，耐修剪，常用作绿篱。

植物名称：野菊花

菊花的一种，株形小巧别致，花色丰富，可以栽植于草坪边缘作地被植物，也可栽植于花境内，点缀景观。

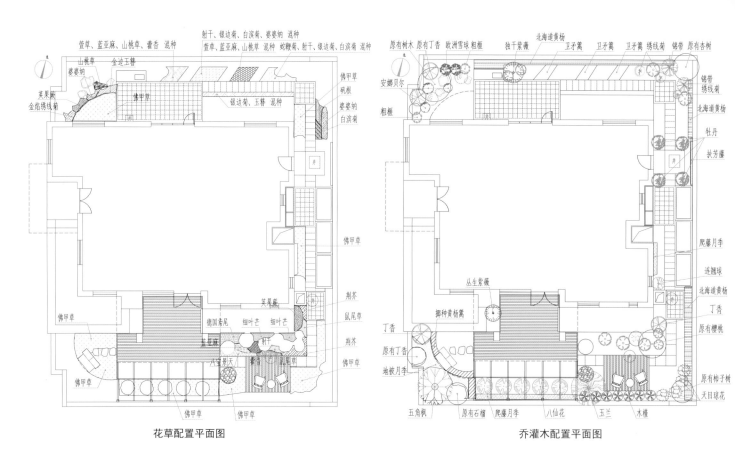

萱草、蓝亚麻、山桃草、藿香 混种
射干、银边菊、白滨菊、婆婆纳 混种
萱草、蓝亚麻、山桃草 混种
蛇鞭菊、射干、银边菊、白滨菊 混种
山桃草　金边玉簪
婆婆纳
英果蕨 金焰绣线菊
佛甲草
银边菊、玉簪 混种
佛甲草
矾根
婆婆纳
白滨菊
佛甲草
荆芥
鼠尾草
荆芥
佛甲草
佛甲草
英果蕨
德国鸢尾　细叶芒　细叶芒
蓝羊茅
八宝景天
佛甲草
佛甲草

花草配置平面图

原有树木 原有丁香 欧洲雪球 粗榧
独干紫薇 北海道黄杨
卫矛篱 卫矛篱 卫矛篱 绣线菊 锦带 原有杏树
安娜贝尔
粗榧
锦带 绣线菊
北海道黄杨
牡丹
扶芳藤
爬藤月季
连翘球
北海道黄杨
丁香
原有樱桃
丛生紫薇
挪种黄杨篱
丁香
原有丁香
地被月季
五角枫　原有石榴　爬藤月季　八仙花　玉兰　木槿
原有柿子树
天目琼花

乔灌木配置平面图

点评：厨房门与邻居的厨房门正好相对，在私密性方面存在很大的问题，因此在这里设计了一面木质的屏风，同时也作为植物的攀爬架。

植物景观设计：丁香 + 紫薇 · 大叶黄杨 · 美人蕉 + 欧洲雪球 + 耐寒绣球 · 银叶菊

点评：北侧花园离厨房和室内餐厅都比较近，是室外就餐的好地方。整齐的铺装，可以放置室外的桌椅，简洁的操作台为室外就餐提供搁物洗手的地方。西北侧的景石与植物组合是北院休闲区旁一处静谧的植物小景。

植物名称：银叶菊

多年生草本植物，叶片的正面和反面均被白色短小绒毛，从远处看去，像凝结的霜，也像一片片白云。因其银白色叶片和淡黄色小花，不管是与其他色彩斑斓的花卉植物搭配栽植，还是单独成片种植，都是极佳的景色。

植物名称：美人蕉

多年生直立草本，枝叶茂盛，花大色艳，花色多，花期长，适应力强，养护管理较为粗放，经济实用，常应用于道路分车道、花坛、水边以及厂区附近。

植物名称：欧洲雪球

忍冬科落叶灌木，聚伞花序，花朵呈球状，白色球花似绣球，观赏价值颇高，盛花期时十分美丽。

植物名称：耐寒绣球

花期较长，萌芽能力较强，耐低温，抗性强。比较突出的品种有"无尽夏"等。

点评：厨房东侧花园是一处通过式的花园部分，设计师在这一侧设置了种植池式的菜地，整齐方便。利用墙与空调空档的特殊关系，做了一个高低错落的储物柜，可以放置花园里的园艺工具。

中海九号公馆

风格与特点：

● 风格：欧式乡村风格与日式风格混搭。

● 特点：

1）植物以"四季常绿、三季有花"为设计原则来布置。

2）以人为本、崇尚自然，打造自然式乡村美景的现代花园景观。

实例解析

- 设计公司：和平之礼
- 设 计 师：李国栋
- 项目地点：北京市
- 项目面积：200m²

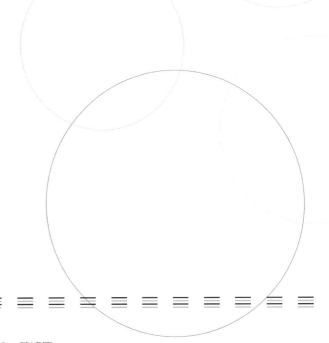

景观植物：乔木——木槿、紫薇、五角枫、北美海棠、早园竹、石榴、鸡爪槭、黄栌等。

　　　　　灌木——山桃草、大叶黄杨、美人蕉、醉鱼草、猬实、小叶黄杨、假龙头花等。

　　　　　地被——麦冬、黑心菊、佛甲草、鼠尾草、蓝花茜、鸢尾、射干、八宝景天等。

　　迈过低矮花丛，踏着轻柔的草，随手摘下一支顶着露珠儿的山桃草花。古旧的园艺桌，沧桑的花器，主人绅士般的浅笑。这座英伦风花园的自然、优雅和含蓄令人着迷。

　　这座英式的房子前花园注重植物的观赏效果，时光感的花草搭配，犹如大自然的一部分。花境植物的运用，体现园艺师的匠心独具。

　　刻有英国谚语的花盆水器，摆在花园一角，带有悠悠岁月。英式花园的一切，大抵都遵循着这样的时光感，摒弃做作。

　　花境中，一个鸟浴盆，一汪静水，迎来送往主人与小动物间的爱与关怀。

　　草地与建筑间是宜人的休息区。洒红色的遮阳伞与周围生机盎然的绿色景观，不仅完善了空间的功能性，自然的姿态也给前花园增添了许多情趣。

　　阳光照射在房子后面蓝白色的花架上，整个下沉花园凉爽又明亮。一张餐桌，几只杯盘，轻松留下午后的惬意。

　　菜地边白色的铁艺桌椅，摆出舒适的聊天姿势，蓝与灰白相间的靠包，与周边的绿植形成清爽的对比。屏风式的格栅也不甘落后，衬着前面好看的花。

　　在井盖集中的地方混搭了日式的元素，绿茵茵的树，淡雅的花，连同寂静的水钵、石灯，让这个角落充满画意。

1 花园主入口
2 原有铺装
3 阳光草坪
4 休闲区
5 日式景观
6 花园小径
7 竹林
8 花园汀步路
9 花境
10 花园次入口
11 围栏
12 菜地
13 空调包饰
14 老人休闲区
15 木格栅背景墙
16 排水沟装饰
17 日式石灯
18 花境
19 日式水景
20 花境
21 木栈道
22 木廊架
23 竹林背景
24 烧烤台

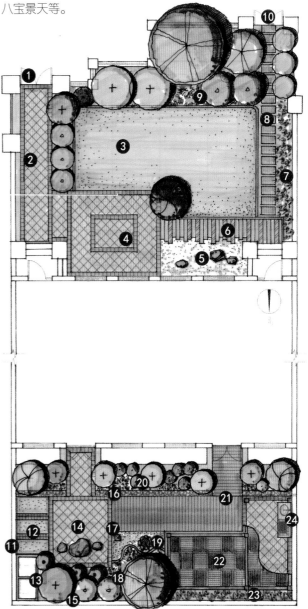

平面图

↑ 植物景观设计：木槿＋石榴－紫薇＋丁香－山桃草＋黑心菊－佛甲草＋麦冬

点评：南向花园以简洁、大气的设计手法为主，主要注重植物的观赏效果。花园保留现有东侧道路，在东侧临近入户处开辟一块休闲区方便业主使用。

① 植物名称：麦冬
百合科多年生草本，成丛生长，花茎自叶丛中生出，花小，浅紫色或青蓝色，总状花序，花期7～8月。

② 植物名称：木槿
也叫无穷花，落叶灌木或小乔木，花形有单瓣、重瓣之分，花色有浅蓝紫色、粉红色或白色之别，花期6～9月，耐修剪，常用作绿篱。

植物名称：紫薇
落叶小乔木或灌木，又称为"痒痒树"，树干光滑，用手抚摸树干，植株会微微抖动，红花紫薇的花期是 5 ~ 8 月，花期较长，观赏价值高。

植物名称：山桃草
多年生宿根草本花卉，花色白色至淡粉色，植株被白色绒毛，花形似桃花，十分美丽。其观赏价值较高，可栽植于花坛、花境中，也可点缀草坪。

植物名称：黑心菊
一二年生草本植物，花朵大且色彩艳丽，是装点园林，制作花坛、花境的良好材料。

植物名称：佛甲草
景天科，多年生草本植物，适应性极强，耐寒。长江以南，四季常绿，翠绿晶莹，长江以北，春夏秋三季长势良好，花期在 4 ~ 5 月，是优良的地被植物，可用作屋顶绿化。

植物名称：丁香
小乔木或灌木，花色洁白，花型偏小，花期为初夏时节，是北方较优良的庭院、道路绿化观花植物。

植物名称：石榴
落叶小乔木或灌木，栽植于热带地区常作常绿树种培育。石榴花大且颜色鲜艳，果实硕大、红艳，是园林绿化中优良的观花观果树种。

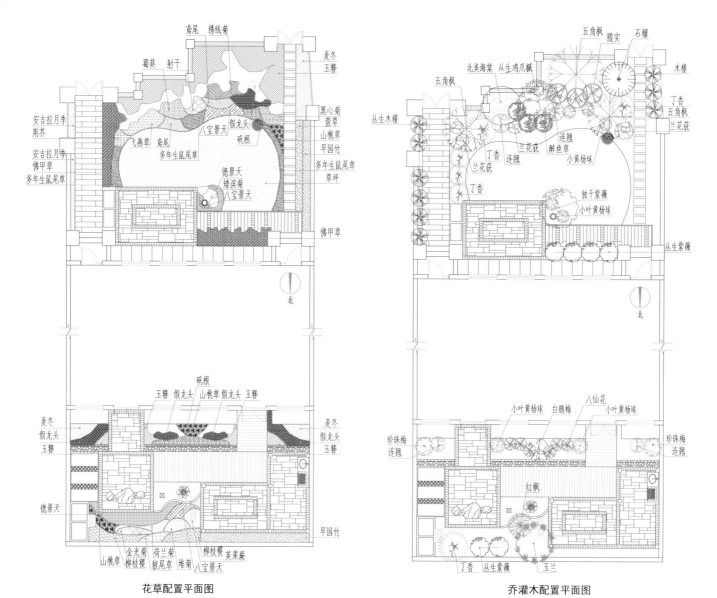

鸢尾　绣线菊

蜀葵　射干

麦冬
玉簪

安吉拉月季
荆芥

黑心菊
萱草
山桃草
早园竹
多年生鼠尾草
草坪

安吉拉月季
佛甲草
多年生鼠尾草

飞燕草　鸢尾
多年生鼠尾草

八宝景天　假龙头
矾根

德景天
矮滨菊
八宝景天

佛甲草

北

矾根

玉簪　假龙头　山桃草　假龙头　玉簪

麦冬
假龙头
玉簪

麦冬
假龙头
玉簪

德景天

早园竹

山桃草　金光菊　荷兰菊　柳枝稷　荚果蕨
柳枝稷　狼尾草　堆菊　八宝景天

花草配置平面图

五角枫　猥实　石榴

北美海棠　丛生鸡爪槭

五角枫

木槿

丛生木槿

丁香
五角枫
兰花莸

丁香
兰花莸
连翘

连翘
醉鱼草
小黄杨球

丁香

独干紫薇
小叶黄杨球

北

丛生紫薇

小叶黄杨球　白鹃梅　八仙花　小叶黄杨球

珍珠梅
连翘

珍珠梅
连翘

红枫

丁香　丛生紫薇　玉兰

乔灌木配置平面图

植物景观设计：五角枫 + 北美海棠 + 黄栌 + 早园竹 + 紫薇 ＋ 猬实 + 醉鱼草 ＋ 丁香 + 蓝花莸 + 美人蕉 + 大叶黄杨 + 八宝景天 + 小叶黄杨 + 黑心菊 + 山桃草 + 假龙头 ＋ 鼠尾草 + 射干 + 鸢尾 + 麦冬

点评：在花园周围以种植为主，通过乔木、灌木、花草的搭配，层次分明，四季皆有不同的景致，可供主人目染季相变化带来的自然流动之美。植物沿外围布置，也对花园的私密性起到很好的作用。中间剩余部分为一片方形的开阔草坪，是孩子们嬉戏打闹的游戏场地，更是花园的留白处，有写意山水画一样的诗情画意之美。西侧的次花园门与入户门由一条汀步路连接，方便业主使用，而且与东侧保留的主路有主次之分。

植物名称：鼠尾草
唇形科多年生芳香草本植物，原产于地中海，植株灌木状，高约 60cm，因品种不同，花有紫色、粉红色、白色或红色。常生于山间坡地、路旁、草丛、水边及林荫下。

植物名称：蓝花莸
落叶小灌木，枝叶繁茂，花朵蓝色至紫色，是具有观赏价值的园林绿化材料。

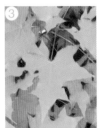

植物名称：五角枫
落叶乔木，嫩叶红色，秋叶橙红色，是良好的色叶种种，可作为庭荫树、行道树等。

植物名称：射干
多年生草本花卉，花色鲜艳橙红，花形飘逸美丽，是营造花坛、花境景观的良好材料。

植物名称：金叶女贞

多年生直立草本，枝叶茂盛，花大色艳，花色多，花期长，适应力强，养护管理较为粗放，经济实用，常应用于道路分车道、花坛、水边以及厂区附近。

植物名称：北美海棠

落叶小乔木，花色鲜艳，果实紫红色，其花、果均有较高观赏价值。可孤植、丛植于草坪。

植物名称：鸢尾

鸢尾观赏价值较高，叶片剑形，形态美丽，花型大且美丽，较耐荫，可栽植于林下和墙角边，景观效果好。

植物名称：大叶黄杨

大叶黄杨是一种温带及亚热带常绿灌木或小乔木，因为极耐修剪，常被用作绿篱或修剪成各种形状，较适合于规则式场景的植物造景。

植物名称：黄栌

又名红叶，著名的北京香山红叶即是黄栌，是我国有名的观叶植物。黄栌叶色秋季转红，红艳如火，如成片栽植，能够营造骄阳似火的景观效果，也可与其他常绿乔木搭配栽植，形成红与绿的鲜明对比，别有一番意境。

植物名称：醉鱼草

花形别致美丽，花朵呈蓝紫色，鲜艳夺目，常栽植于花境中与其他颜色鲜艳的花卉搭配种植，其观赏价值颇高。

植物名称：八宝景天

多年生肉质草本植物，株高 30 ～ 50cm，植株整齐，生长健壮，管理粗放。花开时好似一片粉烟、群体效果极佳，常用来布置花坛。

植物名称：猬实

叶片椭圆形，花小，花色淡红色。可列植于草坪边缘，也可孤植于山石旁、墙角外。

植物名称：小叶黄杨

黄杨科常绿灌木或小乔木，生长缓慢，树姿优美。叶对生，革质，椭圆或倒卵形，表面亮绿，背面黄绿。花黄绿色，簇生叶腋或枝端，花期 4 ～ 5 月，尤适修剪造型。

植物名称：假龙头花

多年生宿根草本，茎丛生而直立，穗状花序顶生，花色淡紫红，花期 7 ～ 9 月。

植物名称：早园竹

别名雷竹，禾本科刚竹属下的一个种，是观形、观叶的禾本科植物，广泛分布于我国华北、华中及华南各地，北京地区常见栽培，生长良好。

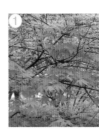

① 植物名称：鸡爪槭

多年生落叶小乔木，叶片纤细、直立，成丛成片栽植生长，又名鸡爪枫、青枫等。叶形优美，入秋变红，色彩鲜艳，是优良的观叶树种，以常绿树或白粉墙作背景衬托，观赏效果极佳，深受人们的喜爱。

② 植物名称：德景天

多年生常绿草本植物，景天科植物，叶片对生或轮生，可以用来布置花坛、花境，丰富地被植物品种。

植物景观设计：早园竹 + 鸡爪槭 - 山桃草 + 大叶黄杨 - 德景天

点评：西侧建筑窗下以日式景观为主，主要使用 3 ~ 5cm 的白色机制石散置，上面布置自然式的石头，营造日式的禅意景观。西侧墙边的竹丛为花园的景观增添了一些别致的感觉，与日式的禅意景观相得益彰、交相辉映。

　　花园的焦点聚焦在花架和老人活动区之间，从各个视角看来，此处便是重中之重。在这儿是一组日式景观，水钵、石灯、竹制出水口、大小不一的置石与卵石，用鸡爪槭作为他们的背景，使它变成了花园的点睛之笔。

点评：休闲区与西侧入户门以参差不齐的条石步道相连，步道采用两种不同颜色、质地的石材进行搭配，不显拘泥、呆板，富于动感与变化。西侧的次花园门与入户门由一条汀步路连接，方便业主使用，而且与东侧保留的主路主次有别。

点评：西侧正对门的是一个 L 型的花架，花架的整体风格为欧式，西侧顶面加了一层钢化玻璃，但是不影响花架的采光与整体效果，在雨季让业主有小憩片刻的空间，临院耳听雨打芭蕉，也不失为一种惬意。

　　在花架下布置烧烤台，也为花园增添了一番趣味，实用性强的同时也为花园增色不少。

点评：东侧入口正对的是植物观赏区，用格栅栏作为植物的背景，植物又作为花园的背景，层层背景，让人感受花园的丰富和层次递进。

点评：老人活动区靠墙一侧为预留菜地，靠近厨房，沿墙布置，方便使用，不影响花园的整体效果。

嘉宝紫提湾

风格与特点：

- 风格：欧式庭院风格。
- 特点：项目中建筑风格简洁、明快，在花园设计中，着重建筑与景观的有机结合。花园中道路的铺装是十分重要的，园中小径采用天然石材和黑白相间的鹅卵石做铺面，以突出"幽、雅、静"的特点，另外园路的线形设计与建筑物、地形、植物有序结合，形成一道个性美观的风景线。

  整个设计中结合花园动线将圆形汀步、休闲平台、木质栏杆、色叶植物有效结合，运用纯熟的景观处理手段，稀疏有致的节点设置，借助植物抒发情怀、寓情于景、情景交融，使整个花园浑然一体，和谐自然。

实例解析

- 设计公司：上海亿水园景观设计工程有限公司
- 项目地点：上海市
- 项目面积：130m²

景观植物：灌木——南天竹、杜鹃等。

地被——矮麦冬、佛甲草、大叶吴风草等。

植物名称：女贞

枝叶茂密，株形整齐，是园林中常用的绿化树种，可孤植、丛植于庭院和广场。也可修剪整齐后做绿篱使用。

植物名称：红叶石楠

常绿小乔木，红叶石楠春季时新长出来的嫩叶红艳，到夏季时转为绿色，因其具有耐修剪的特性，通常被做成各种造型运用到园林绿化中。

植物名称：细叶芒

多年生草本植物，叶片纤细、直立，成丛成片栽植生长，是用来营造野趣景观、丰富竖向景观层次的优良材料。

植物名称：冬青

常绿乔木，枝叶繁茂，树形优美，枝叶全年常绿青翠。可栽植于公园、广场、庭院、道路两侧等地用来美化环境。因其四季常青，管理较为粗放，也可修剪成灌木状或者带状绿化带在园林绿化中使用。

植物名称：常春藤

常绿攀缘藤本植物，耐荫性较强，常春藤叶片呈近似三角形，终年常绿，枝繁叶茂，是极佳的垂直绿化植物。适宜栽植于墙面、拱门、陡坡和假山等地。也可以栽植于悬挂花盆中，使枝叶下垂，营造空间中的立体绿化效果。

植物名称：绣球花

绣球花又被称为八仙花，在我国栽培历史悠久，明清时期在江南园林中较多使用。绣球花花形美丽，颜色亮丽，可成片栽植于公园、风景区，也可与假山搭配栽植，景观效果佳。

植物名称：葡萄

木质藤本植物，叶片大，多花，果实颗粒大，呈串状。是很好的花廊花架装饰植物，果实成熟时，更显美丽。

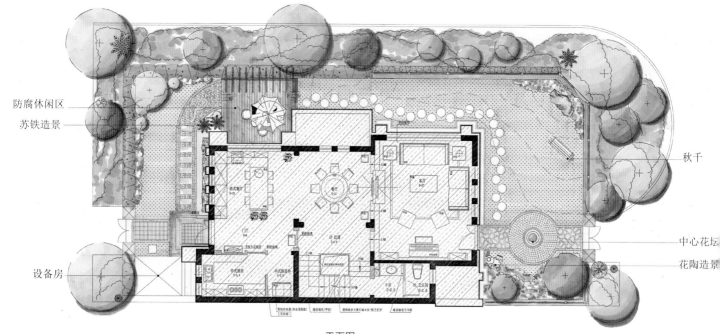

防腐休闲区

苏铁造景

设备房

秋千

中心花坛

花陶造景

平面图

① 植物名称：天竺葵
花色繁多，西方国家常用于阳台装饰。

植物景观设计：枇杷 — 黄杨 + 南天竹 + 金森女贞 — 黄金菊 + 薰衣草 + 天竺葵

点评：庭院景观营造中，选用桂花、红枫、葱兰、麦冬、红花檵木、硫黄菊、牵牛花、长春蔓、洒金珊瑚、金边黄杨等植物进行配置，利用植物枝叶柔和的曲线、不同的质地，在视觉上带来不一样的感受。

植物名称：黄金菊

多年生草本，花黄色，夏季开放，可用于花坛、花境或配植于石边。

植物名称：南天竹

常绿木本小灌木。南天竹叶片片互生，到秋季时叶片转红，并伴有红果，株形秀丽优雅，不经人工修剪的南天竹有自然飘逸的姿态，适合栽植在假山旁、林下，是优良的景观造景植物。

植物名称：枇杷

喜光，喜温暖气候，稍耐荫，稍耐寒，不耐严寒。可栽植于庭前屋后。

植物名称：黄杨

常绿灌木或小乔木，分枝多而密集，枝叶繁茂，叶形别致，四季常青，常用于绿篱、花坛。可修剪成各种形状，用来点缀入口。较少作为乔木栽植。

植物名称：金森女贞

常绿，长势强健，萌发力强，常用作自然式绿篱材料。喜光，又耐半荫，可用作建筑基础种植。春季开花，有清香，秋冬季结果，观赏价值较高，常与红叶石楠搭配。

植物名称：薰衣草

常绿的芳香灌木，丛生，多分枝，直立生长。花色有蓝、深紫、粉红、白等色，常见的为紫蓝色，花期 6 ~ 8 月，花色优美典雅，是庭院中一种新的多年生耐寒花卉，适宜花径丛植或条植，成片种植，效果迷人。

植物名称：枸骨

叶形奇特，叶片亮绿革质，四季常绿，秋季果实为朱红色，颜色艳丽，是良好的观叶、观果植物，可以栽植于道路中间的绿化带和庭院角落。因其叶片较硬，叶形锋利，不建议在儿童活动空间等地栽植。

植物名称：牵牛花

优良的观花藤本植物，花朵小巧可爱，花色鲜艳美丽，适宜栽植于藤架、门廊等，也可栽植于花坛、花境中。

植物名称：苏铁

常绿棕榈状木本植物，雌雄异株，是世界最古老的树种之一。树形古朴，茎干坚硬如铁，体形优美，制作盆景可布置在庭院和室内，是珍贵的观叶植物，盆中如配以巧石，则更具雅趣。

植物名称：桂花

木犀科木犀属常绿灌木或小乔木，亚热带树种，叶茂而常绿，树龄长久，秋季开花，芳香四溢，是我国特产的观赏花木和芳香树，主要品种有丹桂、金桂、银桂、四季桂。

植物名称：红枫

其整体形态优美动人，枝叶层次分明飘逸，广泛用作观赏树种，可孤植、散植或配植，别具风韵。

植物名称：地中海荚蒾

忍冬科常绿灌木植物，叶色深绿色，花蕾粉红色，花蕾小巧淡雅且维持时间长，花开后花色为白色，花期长，是观赏价值较高和观赏时间较长的园林绿化花灌木植物。

葡萄

罗汉松球
橘子树
枸骨球
红花继木球

绿篱

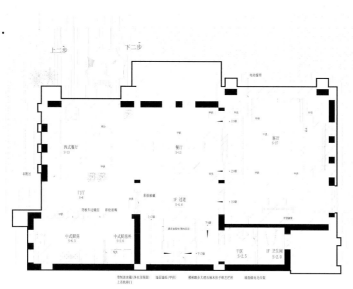

桂花
红枫

植物配置平面图

上游水岸花园

风格与特点：

● 风格：田园风格。

● 特点：为了使空间有限的露台花园显得更加开阔和舒适，设计师采用自然式的植物搭配方法，在色彩、株形、数量上进行细致的推敲，营造了一处浪漫的、田园式的私密花园。

实例解析

- 设计公司：云南朴树园林绿化工程有限公司
- 项目地点：云南昆明
- 项目面积：70m²

景观植物：乔木——梧桐、垂丝海棠、玉兰、蜡梅、羊蹄甲等。

灌木——花叶黄连翘、地涌金莲、苏铁、月季、三角梅、海桐、龟甲冬青、海芋、鸟巢蕨等。

地被——打碗碗花、米仔兰、金盏菊、肾蕨、迷迭香、驱蚊草、四季秋海棠、花叶蔓长春、白鹤芋、天门冬、白鹤芋等。

植物名称：棕榈
喜光，喜温暖湿润的气候，极耐寒，耐干旱，耐水湿。棕榈是棕榈科植物中最耐寒的种类，四季常绿。

植物名称：芭蕉树
多年生常绿草本植物，叶片宽大，株形优美。栽植于庭院别有一番风味。每逢下雨时刻，便有雨打芭蕉的诗画意境。

植物名称：肾蕨
与山石搭配栽植效果好，可作为阴生地被植物布置在墙角、凉亭边、假山上和林下，生长迅速，易于管理。

植物景观设计: 苏铁 + 棕榈 + 芭蕉树 + 羊蹄甲 + 垂丝海棠 + 蜡梅 + 玉兰 - 黄连翘 + 龟甲冬青 - 海桐 + 花叶黄连翘 + 地涌金莲 - 薰衣草 + 金盏菊 + 肾蕨 + 花叶蔓长春 + 四季秋海棠 + 驱蚊草 + 迷迭香

点评: 植物配置得体，错落有致，紧凑却不显凌乱，田园风情营造得非常到位。

④ **植物名称: 花叶蔓长春**
叶色斑驳，枝条蔓性，可作为地被和低矮灌木层栽植。

⑤ **植物名称: 羊蹄甲**
常绿乔木，花瓣较狭窄，具长柄，花色为淡粉色，与红花羊蹄甲相比，花朵稍小，花色稍淡，开花时枝叶繁茂，是优良的庭院绿化树种和行道树种。

⑥ **植物名称: 驱蚊草**
多年生草本植物，叶片如掌状裂开，叶缘有小锯齿，花小。叶片有特殊气味。生长速度较快，可栽植于庭院中，或者做成盆栽放在室内观赏。

⑦ **植物名称: 蜡梅**
盛开于寒冬，花先于叶开放，花色鹅黄，是冬季为数不多的观花植物。蜡梅不仅花朵秀丽，花香馥郁，更有斗寒傲霜的美好寓意和品格，是文人雅士偏爱的园林植物。可成片栽植于庭院中，赏其形，闻其味；也可作为主体建筑物的背景单独配植。

⑧ **植物名称: 玉兰**
落叶乔木，中国著名的花木。花期3月，先叶开放，10天左右花期，花白如玉，花香似兰。树型魁伟，树冠卵形。玉兰对有害气体的抗性较强，是大气污染地区很好的防污染绿化树种。

⑨ **植物名称: 龟甲冬青**
常绿小灌木，多分枝，小叶密生，叶形小巧，叶色亮绿，具有较好的观赏价值。

⑩ **植物名称: 迷迭香**
天然香料植物，植物具有自然的清香，有提神的效果。

植物名称：黄连翘

落叶灌木植物，花朵先于叶片开放，花香淡雅，花色金黄，十分美丽。

植物名称：月季

又称"月月红"，自然花期为 5 ~ 11 月，开花连续不断，花色多深红、粉红、偶有白色。月季花被称为"花中皇后"，在园林绿化中，使用频繁，深受各地园林的喜爱。

植物名称：垂丝海棠

观花观果的优良景观树种。其树形优美，花色艳丽，花姿卓越，盛花期时，满树红艳，如彩云密布，甚是美丽。海棠类树种园林绿化中使用较多，可以常绿树种为背景，与较低矮的花灌木搭配栽植。

植物名称：打碗碗花

多年生草本植物，茎蔓生，枝叶繁茂，花朵大而色彩美丽，花期为 7 ~ 10 月，是观赏价值较高的草本花卉植物。

植物名称：米仔兰

常绿小乔木或者灌木，叶形小巧，花小洁白，且具有浓香。

植物名称：海桐

叶态光滑浓绿，四季常青，可修剪为绿篱或球形灌木用于多种园林造景，而良好的抗性又使之成为防火防风林中的重要树种。

植物名称：地涌金莲

佛教寺院用"五树六花"来形容 11 种植物，其中地涌金莲就属于"六花"中的一花。地涌金莲花朵硕大，开花时如同从地下涌上的金色莲花，十分美丽娇俏，园林观赏价值颇高。其本身也具有宗教文化意义。是南方园林绿化的良好材料。

植物名称：四季桂

木犀科桂花的变种，花色稍白，花香较淡，因其能够一年四季开花，故被称为四季桂。是园林绿化的优良树种。

植物名称：梧桐

落叶乔木，树干高大，枝叶茂盛，生长迅速，易成活，耐修剪，广泛栽植作行道绿化树种，在园林中孤植于草坪或旷地，列植于甬道两旁，颇为雄伟壮观。

植物名称：三角梅

常绿攀缘灌木，又被称为九重葛、毛宝巾、勒杜鹃。由于其花苞叶片大，色泽艳丽，常用于庭院绿化。

植物名称：苏铁

常绿棕榈状木本植物，雌雄异株，世界最古老树种之一，树形古朴，茎干坚硬如铁，体形优美，制作盆景可布置在庭院和室内，是珍贵的观叶植物，盆中如配以巧石，则更具雅趣。

植物名称：金盏菊

二年生草本植物，全株被白色绒毛。单叶互生，2 ~ 4 月花开最佳，其他各月均有零星花开，是早春园林中常见的草本花卉。

植物名称：薰衣草

常绿的芳香灌木，丛生，多分枝，直立生长，花色有蓝深紫、粉红、白等色，常见的为紫蓝色，花期 6 ~ 8 月花色优美典雅，是庭院中一种新的多年生耐寒花卉，适宜花径丛植或条植，成片栽植，效果迷人。

植物景观设计：梧桐＋垂丝海棠＋黄连翘＋三角梅＋地涌金莲＋苏铁＋月季＋海桐·打碗碗花＋米仔兰＋金盏菊＋薰衣草

点评：这是个地处城区的露台花园，设计师意指通过花园改变忙碌的都市人的生活态度，让心灵有个住所，青石汀步木质铺装园区规划布置自然和谐，迷你高尔夫球场，让主人坐享奢华娱乐。

植物名称：鸟巢蕨

多年生常绿草本植物，因其植株形态类似鸟巢而得其名。叶片密集，色彩翠绿，姿态奇特优美。可制作成吊盆观赏，也可栽植于大树树干和树枝间，营造原生林效果，十分具有野趣。

植物景观设计：荷兰铁＋海芋　鸟巢蕨＋白鹤芋＋天门冬＋四季秋海棠　荷花

点评： 靠近室内的空间，在植物配置的种类选择方面，宜选用一些耐荫、喜阴的植物，满足植物生长需求才能营造持久稳定的景观。

植物名称：荷兰铁

常绿木本植物，因其叶片挺拔且翠绿，适应性较强，故常用于热带植物造景中。

植物名称：白鹤芋

小乔木或灌木，花色洁白，花型偏小，花期为初夏时节，是北方较优良的庭院、道路绿化观花植物。

植物名称：天门冬

多年生攀缘草本植物。天门冬枝叶浓密，叶色翠绿喜人，常栽植于林下较阴湿的地方。

植物名称：海芋

天南星科，多年生草本，大型喜阴观叶植物，林荫下片植，叶形和色彩都具有观赏价值。海芋花外形简单清纯，可做室内装饰。海芋全株有毒，以茎干最毒，需要注意。

植物名称：四季秋海棠

多年生草本或木本，叶片晶莹翠绿，花朵娇嫩艳丽，华美端庄，艳而不俗，四季开花，以春秋二季最盛，花色多，变化丰富，是一种花叶俱美的花卉，适应于庭园、花坛等室外栽培。

植物名称：荷花

多年生水生草本植物，挺水花卉，花期为6~9月，水景造景中必选植物，荷花清新秀丽，自古以来就有"出淤泥而不染，濯清涟而不妖"的美誉，是文人墨客、摄影爱好者的心头好。

屋顶花园

风格与特点：

● 风格：东方禅意风格。

● 特点：设计上，设计师采用"先收再放"的思路，屋顶的最初区域显得精致而富有变化，让人有继续探索的冲动，在经过一处蹲踞景观之后，豁然开朗看到的才是整个景观区，富有东方韵味的枯山水组合上现代风格的鱼池，透着鱼池玻璃边缘能够清晰地看到鱼在其中优雅地游动，稳坐在房间内大开扇的玻璃窗将室外景观尽收眼底。在阳光房的周围更是设计了一个延伸木平台，即使在雨中也可以坐在此处不被雨水淋湿，静静观赏眼前的禅意景观，甚是惬意。

实例解析

- 设计公司：上海香善佰良景观工程有限公司
- 项目地点：上海市
- 项目面积：240m²

景观植物：灌木——南天竹、杜鹃等。

地被——矮麦冬、佛甲草、大叶吴风草等。

业主为了能够拥有这处专属的屋顶花园，在购房款上多花了 200 万，对于屋顶花园的设计预期自然也就非常高。

整个场地里面大大小小林立了很多通风管道，使得屋顶空间变得非常的零碎，设计师在设计时巧妙地把这些管道调整到了阳光房的边角处，解决了这个问题。花园大致分为三个区域，一个是阳光房，一个是观景区，一个是聚餐区。在此基础之上，设计师丰富了这些区域的功能。

植物景观设计：南天竹 + 杜鹃 - 佛甲草 + 矮麦冬 + 大叶吴风草 + 天竺葵

点评：此处景观为现代水景的延伸区，延伸区域为砂石小景，呼应入口处的日式组摆，完成了风格的统一。足不出户就可以倾听潺潺流水声，走上天台就来到另一个惬意空间。

植物名称：南天竹

常绿小灌木。南天竹叶片互生，到秋季时叶片转红，并伴有红果，株形秀丽优雅，不经人工修剪的南天竹有自然飘逸的姿态，适合栽植在假山旁、林下，是优良的景观造景植物。

植物名称：佛甲草

景天科，多年生草本植物，适应性极强，耐寒。长江以南，四季常绿，翠绿晶莹。长江以北，春夏秋三季长势良好，花期在 4 ～ 5 月，是优良的地被植物，可用作屋顶绿化。

植物名称：矮麦冬

常绿多年生草本植物，植株低矮，叶色浓绿，喜阴，可成片栽植于树荫下或者房屋背阴处。矮麦冬形态娇小，终年常绿，可与白色沙砾搭配营造软硬铺装。

植物名称：大叶吴风草

多年生草本植物，叶片较大而粗犷，可与麦冬、佛甲草等地被植物共同栽植营造自然式景观。

植物名称：杜鹃球

常绿灌木。品种丰富，花色多，是理想的植物造景材料。可栽植于林下营造花卉色带。

植物名称：天竺葵

花色繁多，西方国家常用于阳台装饰。

点评：另一侧为观景区，主景为水景三级跌水，屋顶花园最大的难题就是防水，设计师大胆的设计对施工工艺也提出了很高的要求，玻璃挡水可观鱼，亲水步汀也增加了水景的乐趣。

点评：从阳光房出去右手边就登上了聚餐区的木平台，在这个平台上依旧可以看到枯山水景观，而且这处是直接在户外，能够呼吸新鲜空气，同时也能够观赏到远处上海中心的身姿。在这个区域不只是有木平台，同时还有供烧烤的烧烤台、水斗以及花坛，功能和景观都做到了完美的结合。

　　繁华的都市，最需要的是一个静心的地方，市中心大平层的屋顶是一个绝好的空间，设计师将平台空间分为三个区域，中央位置建出一个茶亭，自古佳茗似佳人，在此可品茶可观景，四面玻璃，视野极好，内部配置上投影和音响系统，可变身为家庭影音厅。茶亭一边为娱乐休闲区，有烧烤台，户外桌椅，家人朋友在此相聚，享受欢乐时光。

颐 景 园

风格与特点：

◉ 风格：日式禅意风格。

◉ 特点：日式禅意庭院通常给人一种宁静、舒适的感觉。自然式的种植，每一件景观装饰小品都是精雕细作，空间小却让人很舒适都是其主要特点。

禅意风格的庭院在植物种植方面通常选用竹、柏、松、红枫等，在水景设计上偏向于静态水景。其中枯山水景观也是日式庭院景观的一大特色。

实例解析

- 设计公司：上海香善佰良景观工程有限公司
- 项目地点：上海市
- 项目面积：30m²

景观植物：乔木——紫竹等。

灌木——五针松、龟甲冬青等。

地被——矮麦冬、大叶吴风草等。

▲ 植物景观设计：紫竹－五针松＋龟甲冬青－矮麦冬＋大叶吴风草

点评：一块置石，一处蹲踞，一座石灯笼，一排紫竹，一块用瓦当围起来的区域撒上细腻的砂石，这些元素把日式庭院的氛围营造得极为浓郁。东方庭院的精致就在于细节，竹制出水口的棕绳缠绕，五针松的婀娜姿态，石块的挑选以及放置位置，植物的搭配等，这些无不体现设计师的巧思。

植物名称：五针松
常绿针叶乔木，因五叶丛生而得其名。五针松的植株较低矮，可用于小庭院造景，因为其树形古朴典雅，叶短且枝密，很有风味。是制作优美盆栽景观的优良材料。

植物名称：矮麦冬
常绿多年生草本植物，植株低矮，叶色浓绿，喜阴，可成片栽植于树荫下或者房屋背阴处，也可与白色沙砾搭配营造软硬铺装。

植物名称：龟甲冬青

常绿小灌木，多分枝，小叶密生，叶形小巧，叶色亮绿，具有较好的观赏价值。

植物名称：紫竹

由于其干色彩与其他品种竹类色彩不同而命名，是传统的观干竹类，竹干光滑且色泽光亮，适宜栽植在庭院山石之间，与黄金间碧玉竹、斑竹等其他品种竹类一同栽植颇有特色。

植物名称：大叶吴风草

多年生草本植物，叶片较大而粗犷，可与麦冬、佛甲草等地被植物共同栽植，营造自然式景观。

中天融域

风格与特点：

◎ 风格：田园风格。

◎ 特点：在繁忙的都市生活和高压的工作之余，有这样一个花园，它没有特定的风格，没有明显的界限，游离于各种风格之外的，让人们感觉到温馨和归属感。

实例解析

- 设计公司：云南朴树园林绿化工程有限公司
- 项目地点：云南昆明
- 项目面积：50m²

景观植物：乔木——梧桐、垂叶榕、桂花、榕树、棕榈等。

灌木——清香木、海芋、非洲茉莉、茶花、地涌金莲、蔷薇、牡丹、袖珍椰子等。

地被——吸毒草、百日草、长春蔓、花叶黄连翘、木茼蒿、常春藤、薰衣草、杜鹃、郁金香等。

植物景观设计：梧桐 - 海芋 + 清香木 + 非洲茉莉 - 吸毒草 + 百日草 + 长春蔓 + 黄连翘 + 木茼蒿 + 常春藤 + 薰衣草 - 西番莲

点评：设计师使用废旧自行车作为庭院的装饰物，突出了田园风格的主题。色彩鲜艳美丽的草本花卉完善着庭院内的细节，使这一处小空间更像是主人的世外桃源。

植物名称：吸毒草
多年生宿根草本植物，茎叶有香味，耐修剪，生长速度较快，叶片浅绿色，花形小巧别致，花色淡紫色。

植物名称：百日草
一年生草本植物，性强健，耐干旱、喜阳光，花大色艳，花期6～10月，株型美观，是常见的花坛、花境材料。

植物名称：清香木
常绿小乔木或灌木，叶片细小复叶互生，叶色有光泽亮绿，嫩叶红色，叶片富含清香。适宜作为庭院绿植栽植，可美化环境、净化空气。

植物名称：梧桐
落叶乔木，树干高大，枝叶茂盛，生长迅速，易成活，耐修剪，广泛栽植作行道绿化树种，在园林中孤植于草坪或旷地，列植于甬道两旁，颇为雄伟壮观。

植物名称：非洲茉莉
常绿小乔木或灌木，耐修剪，花期较长，冬夏季均开花，花香淡淡，由于其具有一定的耐修剪能力，可与部分高大乔木搭配栽植，常用于公园，也可用于家居内盆景摆设。

植物名称：西番莲
多年生常绿攀缘植物，其花形奇特，花朵大而色彩淡雅，果实近球形，是热带水果之一。

植物名称：长春蔓
常绿蔓生灌木植物，耐瘠薄，忌水湿。花色艳丽，花小但花期时花繁叶茂，园林绿化中常被使用。是良好的地被绿化植物，可以栽植于林下和草坪边缘。

植物名称：黄连翘
落叶灌木植物，花朵先于叶片开放，花香淡雅，花色金黄，十分美丽。

植物名称：木茼蒿
有别名"玛格丽特"之称，木质化灌木植物，头状花序，花朵小巧别致，花色有白色、粉色等颜色，是营造美丽花坛、花境的良好材料。

植物名称：海芋
天南星科，多年生草本，大型喜阴观叶植物，林荫下片植，叶形和色彩都具有观赏价值。海芋花外形简单清纯，可做室内装饰。海芋全株有毒，以茎干最毒，需要注意。

植物名称：常春藤
常绿攀缘藤本植物，耐荫性较强，常春藤叶片呈近似三角形，终年常绿，枝繁叶茂，是极佳的垂直绿化植物。适宜栽植于墙面、拱门、陡坡和假山等地。也可以栽植于悬挂花盆中，使枝叶下垂，营造空间中的立体绿化效果。

植物名称：薰衣草
常绿的芳香灌木，丛生，多分枝，直立生长，花色有蓝、深紫、粉红、白等色，常见的为紫蓝色，花期6～8月，花色优美典雅，是庭院中一种新的多年生耐寒花卉，适宜花径丛植或条植，成片种植，效果迷人。

↑ 植物景观设计：棕榈 - 地涌金莲 - 吸毒草 + 清香木 + 郁金香 + 花叶
常春藤 + 常春藤 + 百日草 + 花叶假连翘

植物名称：郁金香
茎干直立，花形优雅，花色艳丽，叶色秀丽，是
世界著名的切花品种。公园和植物园等常见栽植，
营造郁金香花海景观。

植物名称：花叶常春藤
常绿攀缘藤本植物，耐荫性较强，是常春藤的变
种之一。叶片呈近似三角形，叶色斑驳有花纹，
枝繁叶茂，是极佳的垂直绿化植物。适宜栽植于
墙面、拱门、陡坡和假山等地。也可以栽植于悬
挂花盆中，使枝叶下垂，营造空间中的立体绿化
效果。

植物名称：地涌金莲

佛教寺院用"五树六花"美誉来形容归纳十一种植物，其中地涌金莲就属于"六花"中的一花。地涌金莲花朵硕大，开花时如同从地下涌上的金色莲花，十分美丽娇俏，园林观赏价值颇高。其本身也具有宗教文化意义。是南方园林绿化的良好材料。

植物名称：棕榈

喜光，喜温暖湿润的气候，极耐寒，耐干旱，耐水湿。棕榈是棕榈科植物中最耐寒的种类，四季常绿。

植物名称：杜鹃

常绿灌木。品种丰富，花色多，是理想的植物造景材料。可栽植于林下营造花卉色带。

植物名称：垂叶榕

常绿大乔木。由于其具有特色的小型叶片，不仅常用于室外造景中，同时也受到室内设计师的青睐，常被用来营造室内轻松的氛围。

植物名称：龙血树

常绿小乔木，树姿美观，富有热带特色。可与棕榈科其他植物配植营造热带风情效果，也可群植于草坪。

植物名称：月季

又称"月月红"，自然花期为 5 ~ 11 月，开花连续不断，花色多深红色、粉红色，偶有白色。月季花被称为"花中皇后"，在园林绿化中，使用频繁，深受各地园林的喜爱。

植物景观设计：垂叶榕＋红枫　茶花＋桂花　百日草＋杜鹃＋海芋＋龙血树＋月季＋花叶黄连翘
点评：色彩艳丽、曲度活跃的园路，铁艺围栏维合的半私密空间，季相各异的植物搭配，将庭院装点得熠熠生辉。

植物名称：红枫
其整体形态优美动人，枝叶层次分明飘逸，
广泛用作观赏树种，可孤植、散植或配植，
别具风韵。

植物名称：桂花
常绿小乔木，又可分为金桂、银桂、月桂、
丹桂等品种。桂花是极佳的庭院绿化树种
和行道树种，秋季桂花开放，花香浓郁。

植物景观设计：垂叶榕 - 虎尾兰 + 袖珍椰子 + 海芋 · 四季秋海棠 + 非洲茉莉 + 吸毒草 + 百日草 + 变叶木 + 旱金莲 + 吊竹梅 + 黄连翘 + 木茼蒿

点评：防腐木凉亭是业主品茗赏花的休闲空间，伴着落日的余辉，看着娇艳欲滴的各色花朵，在忙碌了一天之后，也许这样的一处院子才是消除疲劳的最佳地点。

植物名称：虎尾兰
叶片宽大，叶色翠绿，有多个品种，如金边虎尾兰等，叶形、叶色均具有观赏价值，适用于室内、室外景观中。

植物名称：袖珍椰子
棕榈科常绿小灌木，比较耐荫，可以作为盆栽装饰室内空间。叶片羽状，叶色翠绿，是观赏价值较高的装饰植物。

植物名称：四季秋海棠

肉质草本植物，花色娇艳，植株低矮，叶色光亮，花朵较小但是紧凑，是庭院装饰和园林绿化中较常使用的装饰花卉材料。可以用来布置花坛、花钵。搭配其他观花观叶植物，营造花团锦簇的效果。

植物名称：变叶木

灌木或小乔木，叶色奇特，各品种间色彩及叶形差异大，通常用于营造热带景观效果。

植物名称：旱金莲

多年生草本植物，植株具蔓性，茎蔓缠绕妖娆，叶形小巧似荷叶，花色鲜艳且花期较长，花香馥郁，是园林绿化中较常使用的草本花卉植物。

植物名称：吊竹梅

因其叶片似竹叶，故取名为吊竹梅。株形饱满，叶片形状似竹叶，颜色淡雅，浅绿色中间夹杂着淡紫色，是优良的观叶植物。因其喜半阴的特点，比较适宜栽植于没有阳光直射的墙角、假山附近，也可栽植于林下作为地被植物。

植物名称：松雪梅
蔷薇科植物，也被称为香雪梅，花色红艳似梅花，故得其名。花形美丽，花色鲜艳，是园林绿化中良好的材料。

植物名称：榕树
树形高大，树姿古朴有雅韵。榕树有气根，气根成片垂掉下来，像珠帘一般，落到地表上的气根可以入土生根继续生长，能够形成一树成林的奇观，是园林绿化中观赏价值颇高的绿化树种。由于榕树的根系发达，过于发达的根系容易挤压断裂地面，所以，榕树不太适宜作为行道树栽植于道路两旁。株形优美的榕树小苗也可制作成盆栽用来装饰空间、美化环境。

植物名称：茶花

又名山茶花，常绿灌木和小乔木，花姿丰盈，端庄高雅，为中国传统十大名花之一，也是世界名花之一。花色多样，花期因品种不一而不同，从十月至翌年四月间都有花开放。

植物名称：萱草

多年生宿根草本花卉，有"忘忧草"之称。萱草花朵颜色鲜艳，可栽植于花境、花带中做点缀之用，也可栽植于疏林下作地被植物。

植物名称：牡丹

品种繁多，花色各异，有黄色、粉色、绿色等多种颜色。牡丹花色、花香和姿态均佳，是庭院绿化的优良选择。

植物名称：吊兰

多年生常绿草本植物，花茎从叶片中抽出，花枝下垂，枝条优美。吊兰形态优美，花色洁白，可栽植于景观盆放于室内净化空气，也可栽植于庭院中，丰富景观。

植物名称：飘香藤

夹竹桃科多年生常绿藤本植物，喜温暖湿润的气候环境，花期时繁花盛多，花色鲜艳娇俏，花香清香扑鼻，有"飘香"的美誉。

↑ 植物景观设计：榕树 + 松雪梅　茶花　薰衣草 + 非洲茉莉 + 牡丹 + 吊兰 + 吸毒草　蔷薇 + 飘香藤

植物名称：蔷薇

蔷薇属植物的总称，是有名的观赏花卉灌木植物。蔷薇属植物花色鲜艳丰富，品种繁多，花形各异，是园林绿化尤其是庭院绿化的良好材料。

滇池源居

风格与特点：

● 风格：欧式庭院风格。

● 特点：曲折的木桥、质朴的陶罐、精致的景墙，设计师运用多
种不同风格的造景元素让庭院空间显得丰富。

实例解析

- 设计公司：云南朴树园林绿化工程有限公司
- 设 计 师：王永贤
- 项目地点：云南昆明
- 项目面积：260m²

景观植物：乔木——四季桂、杨梅、滇朴、榆树、榕树、玉兰、木槿、鸡爪槭、棕榈、栾树、橡皮榕、朴树等。

灌木——非洲茉莉、黄金香柳、九里香、清香木、地涌金莲、龙血树、红瑞木、海芋、春羽、苏铁、茶花、虎尾兰等。

地被——肾蕨、花叶黄连翘、西洋杜鹃、炮仗花、蓬莱松等。

植物名称：非洲茉莉
常绿小乔木或灌木，耐修剪，花期较长，冬夏季均开花，花香淡淡，由于其具有一定的耐修剪能力，可与部分高大乔木搭配栽植，常用于公园，也可用于家居内盆景摆设。

植物景观设计：四季桂 + 杨梅 + 垂丝海棠 + 非洲茉莉 + 黄千层 + 九里香 + 龙血树 + 地涌金莲 + 清香木 + 红瑞木 + 海芋 + 比利时杜鹃 + 黄连翘 + 肾蕨 + 春羽

点评：自然本身就充满想象力。贯通全院的园路，曲折有致的小溪，造型优美的小桥，弧形水池，创意陶罐出水，亲水平台就是一组自然舒适、单独成型的艺术品。

植物名称：黄金香柳
又称为千层金，常绿小乔木或灌木，枝条柔软，枝叶金黄，且具有较强的抗风能力，是沿海绿化的重要彩叶树种。黄金香柳的枝叶也具有清香，是芳香植物，可以净化空气。

植物名称：九里香
常绿灌木或小乔木，株形优美，枝叶秀丽，花朵小而密集，具有芳香。可以作为绿篱材料使用，也可以用来点缀花境、花带等。

植物名称：西洋杜鹃

也叫比利时杜鹃，矮小灌木，花色鲜艳，花朵大而醒目，适宜栽植于疏林下做地被材料。

植物名称：黄连翘

落叶灌木植物，花朵先于叶片开放，花香淡雅，花色金黄，十分美丽。

植物名称：龙血树

常绿小乔木，树姿美观，富有热带特色。可与棕榈科其他植物配植营造热带风情效果，也可群植于草坪。

植物名称：四季桂

木犀科桂花的变种，花色稍白，花香较淡，因其能够一年四季开花，故被称为四季桂。是园林绿化的优良树种。

植物名称：地涌金莲

佛教寺院用"五树六花"美誉来形容归纳十一种植物，其中地涌金莲就属于"六花"中的一花。地涌金莲花朵硕大，开花时如同从地下涌上的金色莲花，十分美丽娇俏，园林观赏价值颇高。其本身也具有宗教文化意义。是南方园林绿化的良好材料。

植物名称：肾蕨

与山石搭配栽植效果好，可作为阴生地被植物布置在墙角、凉亭边、假山上和林下，生长迅速，易于管理。

植物名称：清香木

常绿小乔木或灌木，叶片细小，复叶互生，叶色有光泽亮绿，嫩叶红色，叶片富含清香。适宜作为庭院绿植栽植美化环境、净化空气。

植物名称：红瑞木

枝条终年红色，落叶后独具一格，观赏性强，与常绿植物搭配相得益彰。

植物名称：海芋

天南星科，多年生草本，大型喜阴观叶植物，可在林荫下片植，其叶形和色彩都具有观赏价值。海芋花外形简单清丽，可做室内装饰。海芋全株有毒，以茎干最毒，需要注意。

植物名称：杨梅

多年生草本或木本，叶片晶莹翠绿，花朵娇嫩艳丽，华美端庄，艳而不俗，四季开花，以春秋二季最盛，花色多，变化丰富，是一种花叶俱美的花卉，适应于庭园、花坛等室外栽培。

植物名称：垂丝海棠

观花观果的优良景观树种。其花色艳丽，树形优美，花姿卓越，盛花期时，满树红艳，如彩云密布，甚是美丽。海棠类树种园林绿化中使用较多，可以常绿树种为背景，与较低矮的花灌木搭配栽植。

植物名称：春羽

多年生常绿草本观叶植物。叶片大，叶形奇特，叶色深绿，且有光泽。是较好的室内观叶植物。由于其较耐荫，可栽植于比较阴郁的环境。

↑ 植物景观设计：玉兰 + 滇朴 + 木槿 + 杨梅 + 四季桂 + 榆树 + 苏铁 + 地涌金莲 + 清香木 + 罗汉松 + 海芋 + 石榴 + 榕树 + 肾蕨 + 黄连翘 + 茶花 + 比利时杜鹃 + 清香木 + 虎尾兰

点评：累了在这里歇歇脚，晒晒太阳，打个小盹，夜幕降临，在自家的花园里散步可谓人生乐事，草丛中的路灯为主人照亮脚下的路，幽幽的灯光伴着绿草的芬芳，感受小桥流水，做一个无忧无虑的田园居士。

植物名称：玉兰
落叶乔木，中国著名的花木。花期3月，先叶开放，10天左右花期，花白如玉，花香似兰。树型魁伟，树冠卵形。玉兰对有害气体的抗性较强，是大气污染地区很好的防污染绿化树种。

植物名称：滇朴
落叶乔木，树形高大，云南乡土树种，又被称为四蕊朴，因其具有深根性，所以抗风能力强，生长速度较慢。具有较高观赏价值，近年来成为园林绿化的热门树种。

植物名称：木槿
也叫无穷花，落叶灌木或小乔木，花形有单瓣、重瓣之分，花色有浅蓝紫色、粉红色或白色之别，花期6～9月，耐修剪，常用作绿篱。

植物名称：石榴
落叶小乔木或灌木，栽植于热带地区常作常绿树种培育。石榴花大且颜色鲜艳，果实硕大、红艳，是园林绿化中优良的观花观果树种。

⑤ 植物名称：榆树

落叶乔木。又被称为春榆，树形高大，树干通直，绿荫浓密，可栽植于道路两旁做行道树或景观树。

⑥ 植物名称：苏铁

常绿棕榈状木本植物，雌雄异株，是世界最古老的树种之一，树形古朴，茎干坚硬如铁，体形优美，制作盆景可布置在庭院和室内，是珍贵的观叶植物，盆中如配以巧石，则更具雅趣。

⑦ 植物名称：茶花

又名山茶花，常绿灌木和小乔木，花姿丰盈，端庄高雅，为中国传统十大名花之一，也是世界名花之一。花色多样，花期因品种不一而不同，从十月至翌年四月间都有花开放。

⑧ 植物名称：罗汉松

为常见景观树种。由于其针叶形状独特，树形奇异，常被用来作独赏树、盆栽树种和花坛花卉。罗汉松树形古朴风雅，寺庙内常见，现也常用于大厅、中庭对植或孤植。与假山、湖石相配种植可以营造中式庭院风味。

⑨ 植物名称：榕树

树形高大，树姿古朴有雅韵，榕树有气根，气根成片垂掉下来，像珠帘一般，落到地表上的气根可以入土生根继续生长，能够形成一树成林的奇观，是园林绿化中观赏价值颇高的绿化树种。由于榕树的根系发达，过于发达的根系容易挤压断裂地面，所以，榕树不太适宜作为行道树栽植于道路两旁。株形优美的榕树小苗也可制作成盆栽用来装饰空间、美化环境。

⑩ 植物名称：虎尾兰

叶片宽大，叶色翠绿，有多个品种，如金边虎尾兰等，叶形、叶色均具有观赏价值，适用于室内、室外景观中。

① 植物名称: 高山榕

常绿大乔木, 因为其栽植容易且成活较易, 所以是很好的城市绿化树种。适宜栽植于庭院作为园景树和遮荫树, 因为具有榕树根系发达的特点, 不太适合作为行道树。常常作为盆栽材料, 适合在室内长期陈设。

植物景观设计: 高山榕 + 垂丝海棠 + 鸡爪槭 + 杨梅 + 棕榈 + 龙血树 + 海芋 + 龟背竹 + 黄连翘 + 清香木 + 炮仗花

② 植物名称: 棕榈

喜光, 喜温暖湿润的气候, 极耐寒, 耐干旱, 耐水湿。棕榈是棕榈科植物中最耐寒的种类, 四季常绿。

③ 植物名称: 龟背竹

常绿藤本观叶植物, 株形优美, 叶形奇特, 由于其具有较强的耐荫性, 可以栽植于阴生植物区域, 也可栽植于疏林下丰富植物群落层次。

④ 植物名称: 炮仗花

藤本植物, 花色橙黄, 花形小巧成串, 花期长, 可以栽植于花廊、花架或墙头做垂直绿化使用。

⑤ 植物名称: 鸡爪槭
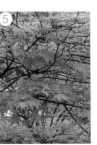
又名鸡爪枫、青枫等, 落叶小乔木, 叶形优美, 入秋变红, 色彩鲜艳, 是优良的观叶树种, 以常绿树或白粉墙作背景衬托, 观赏效果极佳, 深受人们的喜爱。

植物名称：橡皮榕
常绿大乔木，叶片宽大有光泽，形态与习性与橡皮树相同，是良好的园林景观观赏树种。

植物名称：蓬莱松
多年生常绿草本植物，灌木状，叶形似松针，枝干纤细，叶色浓绿，是良好的地被绿化植物。

植物名称：菖蒲
多年生水生草本植物，挺水花卉，花期为 7~9 月，花较小，黄绿色，常栽植于沼泽、溪边，是营造湿地公园水景、仿原生植物景观的较好水生植物材料。

植物名称：栾树
又称大夫树、灯笼树，落叶乔木，树形端正，枝叶茂密而秀丽，春季嫩叶多为红叶，夏季黄花满树，入秋叶色变黄，果实紫红色，形似灯笼，十分美丽，其适应性强、季相明显，是理想的绿化树种。

植物名称：紫竹
由于其干色彩与其他品种竹类色彩不同而命名，是传统的观干竹类，竹干光滑且色泽光亮，适宜栽植在庭院山石之间，与黄金间碧玉竹、斑竹等其他品种竹类一同栽植颇有特色。

↓ 植物景观设计：橡皮榕＋玉兰＋栾树＋滇朴＋木槿＋棕榈＋龙血树＋菖蒲＋地涌金莲＋清香木＋紫竹＋蓬莱松＋肾蕨＋花叶黄连翘

植物景观设计：柠檬 + 紫竹 + 朴树 - 桃树 + 人面竹

植物名称：柠檬
芸香科小乔木，其果实富含维生素 C，是营养价值较高的水果。具有一定的园林绿化价值。

植物名称：桃树
落叶乔木，树冠宽广，孤植或列植均可，且其对多种气体有较强抗性，也常用于工厂绿化。

植物名称：人面竹
园林绿化中常见的观赏竹类，其竹干直立挺拔，可栽植于庭院墙角或假山石处。

植物名称：朴树
落叶乔木，树冠宽广，孤植或列植均可，且其对多种气体有较强抗性，也常用于工厂绿化。

朴园·兰亭苑

风格与特点：

● 风格：现代简约风格。

● 特点：现代风格庭院有的注重庭院的色彩对比，力求营造新鲜、浪漫庭院氛围；也有的通过引进新装饰材料，通过抽象、简化的装饰元素打造更加容易使人放松、产生冥想的空间。现代风格庭院希望以最先进的装饰材料、最环保便捷的装饰手段，营造舒适、怡人的私家庭院氛围。

实例解析

- 设计公司：上海水木清华庭院景观设计
- 设计师：马尚
- 项目地点：中国江苏镇江
- 项目面积：150m²
- 摄影师：金孝文

景观植物：乔木——香樟等。

灌木——茶梅、栀子花、红豆杉等。

地被——火焰天竺、香雪梅、矮麦冬等。

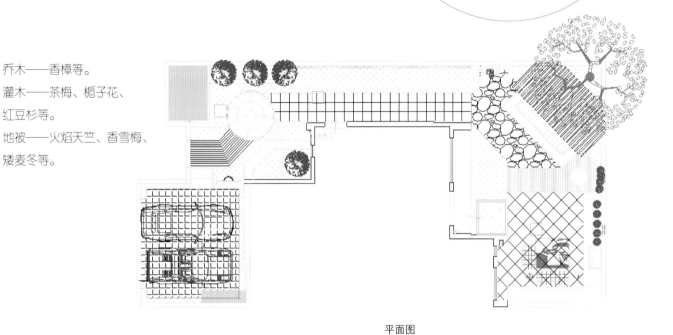

平面图

设计理念：

庭院的主人对设计师提出的基本要求是，可赏、可游、可居、小巧、精致。设计师在考虑方案的时候设计出足够的空间和花植种植区，墨绿色的美式屏风墙艺是最引人眼球的，也是本案的重点。等到5月中旬，五彩缤纷的藤本植物将爬满整个屏风，那可是一副夏威夷式动人的画面。主家的庭院处于中间户，设计师巧妙运用了人字形的防腐木屏风遮挡，整个空间非常有序，花草休闲区域处于统领全园的地位。

↑ 植物景观设计：茶梅＋栀子花＋红豆杉－火焰天竺＋香雪兰－矮麦冬

点评：庭院围墙全部被粉刷成鹅黄色，为了突出区域的边界感，设计师在鹅黄色围墙上用防腐木制作了一面黑色木栅栏，生动而不僵硬。围墙下的植物也多选低矮的灌木和地被，在色彩方面则考虑常绿木本植物和开花草本植物混合搭配栽植。

←

植物景观设计：矮麦冬草坪

点评：花格屏风和花架营造了一个半私密的空间，待花架上爬满开满紫花的紫藤，或是结满果实的葡萄，抑或是花形奇特、果实芬芳的百香果，坐在这花架下秋千上的人想必是十分悠然自得的。碎石块和矮麦冬很好地装扮了这一处的铺装。软硬铺装结合，有利于后期的管理和维护，同时在也丰富了庭院的景观。

植物名称：茶梅
常绿花灌木，花多美丽，常用于林边、墙角作为精致配植，也可作为花篱及绿篱。

植物名称：栀子花
常绿灌木，喜光，喜温暖湿润的气候，适宜阳光充足且通风良好的环境。花色纯白，花香宜人，是良好的庭院装饰材料，可以丛植于墙角，或修剪为高低一致的灌木带与红花檵木、石楠等植物一同配植于公园、景区、道路绿化区域等地。

③ 植物名称：红豆杉
常绿树种，是珍贵的濒危树种。也可用来美化室内外景观环境。红豆杉终年常绿，叶形小巧精致、叶色浓绿有光泽，果实小而红艳，挂于枝头，别样美丽。

④ 植物名称：矮麦冬
常绿多年生草本植物，植株低矮，叶色浓绿，喜阴，可栽植成片于树荫下或者房屋背阴处。矮麦冬形态娇小，终年常绿，可与白色沙砾搭配营造软硬铺装。

⑤ 植物名称：香樟
常绿大乔木，树形高大，枝繁叶茂，冠大荫浓，是优良的行道树和庭院树。香樟树可栽植于道路两旁，也可以孤植于草坪中间作孤赏树。

→ 植物景观设计：香樟 茶梅＋栀子花＋红豆 火焰天竺＋香雪梅 矮麦冬

点评：涂上白色户外涂料的储藏室小屋，精致且实用，与黑色防腐木栅栏形成色彩方面的对比，和谐而统一。矮麦冬如同绿色地毯一样将栅栏下、墙角处的空余边界进行了简单的装扮。空间有限的庭院，最适宜白色、黑色和绿色这种永不过时的色彩，没有过多的夸张元素和跳跃感的庭院，让人有了舒适和放松的感觉。

中大九里德
私家别墅花园

风格与特点：

● 风格：英式乡村风格。

● 特点：英式乡村庭院设计主要以自然式布局为主要特点，通过模仿大自然景观中的细节来展现野趣美、自然风光。英式庭院崇尚自然，向往自然，力图通过植物、水体、园路等多方面元素打造一个自家庭院内的小自然。其规划布局形式采用自然开放式的空间结构，植物栽植方面也采用自然式栽植，与法式的规则式布局有着明显的区别。

英式乡村庭院在铺装材料方面，主要选择天然石材、木材等，也会使用草坪作为铺装材料。平坦的草坪，树冠宽阔的孤景树，自然喷泉水景，以及自然式栽植的各色花卉，这些都是英式乡村庭院较常运用到的景观元素。

实例解析

- 设 计 师：张勤雯
- 项目地点：上海
- 项目面积：40m²
- 摄　　影：姚润苟

景观植物：乔木——柳树、珊瑚、鸡爪械等。

灌木——小叶女贞、南天竹、红花檵木、瓜子黄杨等。

地被——小叶栀子、美女樱、凤梨薄荷、花叶蔓长春、芒草、鸟巢蕨、果岭草等。

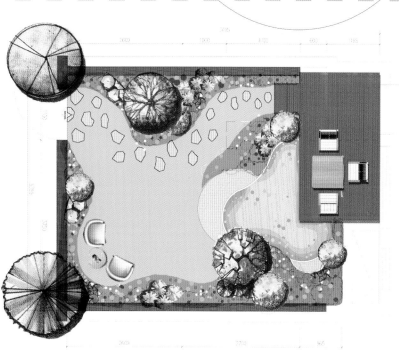

平面图

设计理念：

　　花园风格定位是英式田园风格。女业主是个热爱自然，热爱生活的人。当初接触的时候，女主人就向我们透露她对花园的憧憬和定位。由于孩子的降临，花园的设计形式以曲线为主，避免麦角对孩子的伤害。

设计亮点：

　　花园的设计亮点主要在异形鱼池这块区域。由于花园面积有限。将鱼池这一元素点缀在花园活动平台的一角。当主人在花园平台休息时，潺潺的流水声就在耳边，鱼儿在水里悠闲自在，园内的花草生机勃勃。让花园的实用性和观赏性有机的结合，打造出一家三口的花园天地。

植物名称：果岭草
多用来覆盖高尔夫球场的一类优质草种，因南北气候差异，各地的果岭草可以根据适应环境和气温的草种进行具体选择。

植物名称：小叶栀子
常绿灌木，四季常青，春天至初夏洁白小花盛开，花香清雅，可作为地被或者低矮灌木栽植于树下、草坪边缘，花期时，可赏其花，闻其味。

植物名称：法国冬青
又名珊瑚树，优良的常绿灌木，耐修剪，抗性强，常用作绿篱。

植物景观设计：柳树＋法国冬青－小叶女贞＋南天竹－小叶栀子＋果岭草

点评：窄窄的园道两旁是由果岭草铺设的小型草地，随意且自然。庭院面积不大，边缘处是用防腐木钉制而成的花架，藤蔓攀援植物可以攀爬而上，成为很好的花篱栅栏。靠近栅栏的一侧栽植着修剪成型的小叶女贞球，也有呈自然生长态势的南天竹，其株形秀丽，自然生长状态下的南天竹形态俏丽，叶色会随着气温和季节的变化而改变，深秋时，叶色变红，并挂有红果，植于庭院一角，实在是点睛之笔。

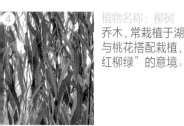

植物名称：柳树
乔木，常栽植于湖畔、池边，与桃花搭配栽植，营造"桃红柳绿"的意境。

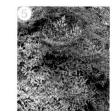

植物名称：南天竹
常绿木本小灌木。南天竹叶片互生，到秋季时叶片转红，并伴有红果，株形秀丽优雅，不经人工修剪的南天竹有自然飘逸的姿态，适合栽植在假山旁，林下，是优良的景观造景植物。

植物名称：小叶女贞
枝叶整齐耐修剪，是庭院中较常见的景观绿化植物，可以与红花檵木、红叶石楠等植物搭配种植，是重要的绿篱植物。

植物名称：美女樱
多年生草本植物，花色丰富，性强健，可作盆花或布置于花坛。

植物名称：花叶蔓长春
叶色斑驳，枝条蔓性，可作为地被和低矮灌木层栽植。

植物名称：凤梨薄荷
常绿多年生草本植物。植物本身具有芳香，可作为观叶地被植物栽植，也可栽植于花坛或花境内与其他花卉搭配栽植。

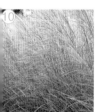

植物名称：芒草
生长范围较广泛，对环境的适应性较强，因其株形颇具野趣，常被用来与置石配植，营造粗犷、野趣的景观环境。

植物名称：鸟巢蕨
多年生常绿草本植物，因其植株形态类似鸟巢而得其名。叶片密集，色彩翠绿，姿态奇特优美。可制作成吊盆观赏，也可栽植于大树树干和树枝间，营造原生林效果，十分具有野趣。

植物名称：黄杨
常绿灌木或小乔木，分枝多而密集，枝叶繁茂，叶形别致，四季常青，常用于绿篱、花坛。可修剪成各种形状，用来点缀入口。较少作为乔木栽植。

植物名称：鸡爪槭
又名鸡爪枫，落叶小乔木，叶形优美，入秋变红，色彩鲜艳，是优良的观叶树种，以常绿树或白粉墙作背景衬托，观赏效果极佳，深受人们的喜爱。

植物名称：红花檵木
常绿小乔木或灌木，花期长，枝繁叶茂且耐修剪，常用于园林色块、色带材料。与金叶假连翘等搭配栽植，观赏价值高。

植物景观设计：鸡爪槭-红花檵木球+瓜子黄杨球-美女樱+花叶蔓长春+凤梨薄荷+芒草+鸟巢蕨

点评：靠近窗户的一块空地，设计师设计了一个小型喷水水池，丰富了整个庭院景观的层次。一部分的水流被抽上来注入陶罐，再由陶罐倾斜落入水池中，水声清脆，水景雅致，为整个水景环节也增色不少。

南窗雅舍
别墅花园露台

风格与特点：

● 风格：自然清新风格。

● 特点：自然式的栽植布局方式，搭配各种清新、浪漫的庭院装饰小品。

实例解析

- 设计公司：XY 贵州晶惜缘商贸有限公司
- 设 计 师：张寒
- 项目地点：贵州省贵阳市
- 项目面积：400m²

景观植物：乔木——竹子、桂花、桃树、杨梅、红枫等。

灌木——蜡梅、万年青、凤尾竹、八仙花、月季等。

地被——大花马齿苋、薰衣草、菊花、丝石竹等。

进门处的小花园，可是个好地方，在整个家的周围布置上这些花草，给人一种温馨、舒适的感觉。在这个小花园里摆放的花草，都是从国外引进的，而且有很多都是比较稀有的。

小小花园是休息、闲聊的好地方，也使得整个别墅的外观更漂亮。不管是从美观度、还是实用性来看，都是很好的设计。

二楼的外凉台，也在洗衣房的外面，这里的结构都是比较结实的，因为在这里养有几只大狗。站在凉台可以看到美丽的夜景。

顶楼花园用的木质材料全是防腐木，不怕水也不怕晒，洗手池用的是进口石材，角落里的花盆都具有独特的个性，特别是那口印花雕刻的大水缸，整体感觉协调美观。

点评：倒着的陶瓷罐是一个巧妙设计，这样能体现出主人的大方、随性的性格。

点评：小花园有两张时尚的椅子，如果主人出门回家累了，可以在这里休息，不过因为这里没有雨篷，所以这里要用到的材料也都是防雨、防水的。

植物景观设计：竹子 + 桂花 + 桃树 + 李树 + 苹果树 + 蔷薇 + 菊花 + 杜鹃 + 小蜡梅 + 万年青

点评：别墅立面显得干净、利落，在一楼入口处，设计师别具匠心地设计了一个入户休闲空间，楼梯的下方设置了休闲座椅，楼前的植物选用株形小巧、观赏价值较高的各种植物，一方面可以丰富楼前小院景观，另一方面也保障了业主的私密空间。自然式的植物摆放，让别墅前的庭院线条柔和又有区域感。

植物名称：竹子
禾草类植物，种类多，枝干挺拔修长，四季青翠，凌霜傲雪，倍受中国人民喜爱，享有"梅兰竹菊"四君子之一、"梅松竹"岁寒三友之一等美称，深受文人墨客的钟爱，现常出现在庭院中，用于造景。

植物名称：蔷薇
蔷薇属植物的总称，是有名的观赏花卉灌木植物，蔷薇属植物花色鲜艳丰富，品种繁多，花形各异，是园林绿化尤其是庭院绿化的良好材料。

植物名称：桂花树
木犀科木犀属常绿灌木或小乔木，亚热带树种，叶茂而常绿，树龄长久，秋季开花，芳香四溢，是我国特产的观赏花木和芳香树，主要品种有丹桂、金桂、银桂、四季桂。

植物名称：桃树
落叶小乔木，树冠宽广或平展，花先于叶开放，观花效果好。常与常绿树种搭配，或成片种植，形成良好的时令景观。

植物名称：李树
果树，也可栽植于庭院内美化庭院景观。

植物名称：苹果树
果树，也可栽植于庭院内美化庭院景观。

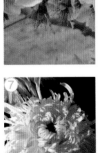

植物名称：菊花
一年生草本植物，花形美丽，花色艳丽，是花坛、花境装饰的优良花卉材料。

植物名称：蜡梅
盛开于寒冬，花先于叶开放，花香馥郁，花色鹅黄，是冬季为数不多的观花植物。蜡梅不仅花朵秀丽，更有斗寒傲霜的美好寓意和品格，是文人雅士偏爱的园林植物。可成片栽植于庭院中，赏其形，闻其味；也可作为主体建筑物的背景单独配植。

植物名称：万年青
多年生常绿草本植物，叶形较宽阔，叶色终年浓绿，具有较高观赏价值。盆栽万年青可以点缀室内装饰，也可以栽植于园林中绿化环境。

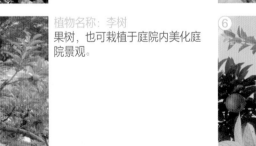

植物名称：四季海棠
肉质草本植物，花色娇艳，植株低矮，叶色光亮，花朵较小但是紧凑，是庭院装饰和园林绿化中较常使用的装饰花卉材料。可以用来布置花坛、花钵。搭配其他观花观叶植物，营造花团锦簇的效果。

植物名称：杨梅树
小乔木或灌木，树冠饱满，枝叶繁茂，夏季满树红果，甚为可爱，可做点景或用作庭荫树，更是良好的经济型景观树种。

植物名称：红枫
其整体形态优美动人，枝叶层次分明飘逸，广泛用作观赏树种，可孤植、散植或配植，别具风韵。

植物名称：野菊花
菊花的一种，株形小巧别致，花色丰富，可以栽植于草坪边缘作地被植物，也可栽植于花境内，点缀景观。

植物名称：大花马齿苋
因其日出开花、日落花闭，又被称为太阳花，喜阳光充足的生长环境。花色有白、红、粉、紫等色，色彩丰富，花期长，存活率高，是园林绿化中草花配置的重要选择。

植物名称：杜鹃花
常绿灌木。品种丰富，花色多，是理想的植物造景材料。可栽植于林下营造花卉色带。

植物名称：薰衣草
常绿的芳香灌木，丛生，多分枝，直立生长，花色有蓝、深紫、粉红、白等色，常见的为紫蓝色，花期6～8月，花色优美典雅，是庭院中一种新的多年生耐寒花卉，适宜花径丛植或条植，成片种植，效果迷人。

植物名称：丝石竹
花小而繁多，似满天繁星，又被称为满天星，在商业化切花中使用广泛。

植物名称：月季
又称"月月红"，自然花期为5～11月，开花连续不断，花色多深红、粉红、偶有白色。月季花被称为"花中皇后"，在园林绿化中，使用频繁，深受各地园林的喜爱。

植物景观设计：杨梅＋红枫　玫瑰＋万年香　观音竹　绣球＋野菊花＋小风铃＋菊花＋大花马齿苋＋杜鹃＋薰衣草＋满天星＋月季＋四季海棠

点评：这里是二楼露台，在宽敞通透的小亭子里，设计师采用铁艺制品的座椅和防水、防晒的抱枕 ，使主人家不用担心天气的变化，可以和家人或朋友尽情地享受大自然的风景。

点评：假山下面养点小鱼，再摆放点花花草草，看起来赏心悦目。

点评：复古灯下的盆景假山，旁边悬挂在墙壁上的花盆看起来像酒桶吧，那是定制出来的产品，全是由竹子制作而成。

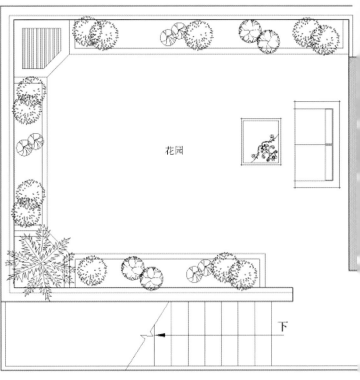

花园

下

二楼露台花园平面图

点评：个性化定制的木栅栏和圆桶别具风格，木栅栏里种植稀有的花草，圆桶上附有中国的印章图案，既美观又实用，圆桶可以装浇花用的水，也可以种点名贵树木。

点评：露台上的一角，用木水桶做的花盆体现了新意，里面可以种上自己喜爱的花草，上下两层工具箱可以放修剪工具等物品，旁边的椅子可以供业主休息和欣赏庭院景色所用。

点评：这是顶楼的全景，遮阳伞下有个小小的休息区，可以瞭望远景。角落里的小房子，是宠物的家。

点评：闲暇时间里在角落坐坐看看书，地上复古的装饰品既是实用品又是装饰品，起到了点缀的作用。

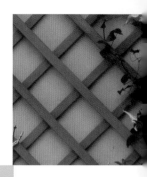

香醍溪岸

风格与特点:

● 风格:现代简约风格。

● 特点:本项目所在的别墅建筑风格为托斯卡纳建筑风格,有着独特精巧的空间环境。手工定制的欧式铁艺、紫砂筒瓦洋溢着地中海特有的温暖,浅色的建筑立面与咖啡色陶砾砖完美融合。使得花园设计中更多地考虑简洁、自然的设计方式,整体上追求空间、材料以及图案的统一性、秩序性和韵律感。

实例解析

- 设计公司：和平之礼
- 设 计 师：李国栋
- 项目地点：北京市
- 项目面积：50㎡

景观植物：乔木——丁香、红枫等。

灌木——大叶黄杨、欧洲雪球、粉花绣线菊、月季、八仙花等。

地被——迎春、花叶玉簪、荆芥、婆婆纳、八宝景天、铁线莲、佛甲草等。

设计师为了将花园打造成分配合理、舒适的休闲乐园，在花园的改造中主要考虑到着力打造拥有能够聚会休闲、儿童游戏、植物观赏、夏日小憩等功能的私家花园。庭院更富艺术灵感与视线的开阔，置身其中，恍若畅游托斯卡纳。

花园以实用性与观赏性为主，追求时尚、简约的设计风格。整体不但与建筑主体相得益彰，在局部又设计了很独特的花园小品凸显花园的特色。

花园植物选择可供全年观赏并且易于管理和维护的植物品种，以及多彩观花观叶乔灌木及宿根花草类植物。植物叶、花、果等各异的形状及丰富的色彩能使花园更加有生气。

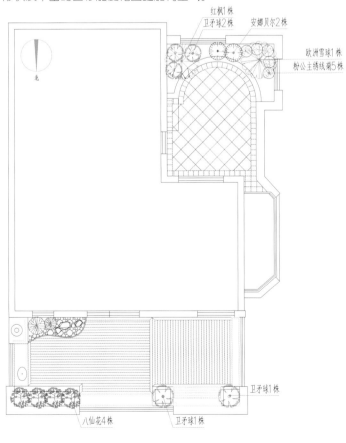

乔灌木配置平面图

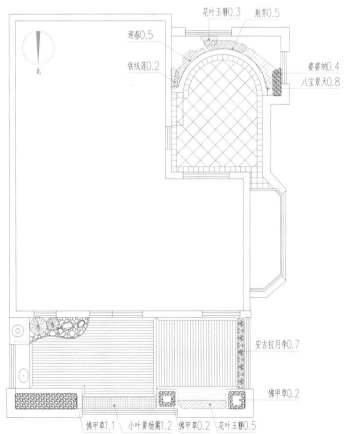

花草配置平面图

植物景观设计：丁香 + 天目琼花 - 洋常春藤 + 绣线菊 + 马缨丹 - 铁线莲

点评：南花园的入口处正对的是一个弧形的花池，花池里面采用陶砾砖，很好地与建筑相呼应。花池东侧墙上为木质格栅，植物的依附让整面墙体形成了一幅自然式的画面。在花园中还有一个漂亮的操作台，可以作为一个小的工具桌。阳光房地面使用的是仿古瓷砖，两种不同颜色的瓷砖组合给这个阴暗的小房间增添了一抹光彩。

植物名称：铁线莲
草质藤本花卉，花色丰富、花形优美，被誉为"藤本花卉王后"，花期夏季，是装饰、装点立体庭院景观的优良材料。

植物名称：常春藤
常绿攀缘藤本植物，耐荫性较强，常春藤叶片呈近似三角形，终年常绿，枝繁叶茂，是极佳的垂直绿化植物。适宜栽植于墙面、拱门、陡坡和假山等地。也可以栽植于悬挂花盆中，使枝叶下垂，营造空间中的立体绿化效果。

植物名称：马缨丹
马鞭草科灌木，每年 5 ~ 9 月开花。

植物名称：丁香
小乔木或灌木，花色洁白，花型偏小，花期为初夏时节，是北方较优良的庭院、道路绿化观花植物。

植物名称：绣线菊
花开于少花的夏季，白色可爱，花期较长，是良好的庭院观赏植物。

植物名称：天目琼花
落叶灌木，树态清秀，复伞形花序，花开似雪，果赤如丹，叶形美丽，秋季变红。孤植、丛植、群植均可。

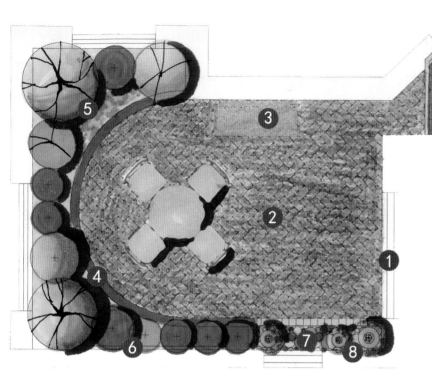

南花园平面图

1 入花园门
2 烧结砖铺地休闲区
3 木质操作台
4 砌筑花池
5 花境种植
6 木质格栅
7 机制石散置
8 植物盆栽
9 工具房仿古铺装

植物名称：大叶黄杨
大叶黄杨是一种温带及亚热带常绿灌木或小乔木，因为极耐修剪，常被用作绿篱或修剪成各种形状，较适合于规则式场景的植物造景。

植物名称：美女樱
多年生草本植物，花色丰富，性强健，可作盆花或布置于花坛。

植物名称：藤本月季
花形丰满，花色艳丽且丰富，花期较长，是立体绿化中较常用的材料之一。

植物名称：小叶黄杨
黄杨科常绿灌木或小乔木，生长缓慢，树姿优美，叶对生，革质，椭圆或倒卵形，表面亮绿，背面黄绿。花黄绿色，簇生叶腋或枝端，花期 4 ~ 5 月，尤适修剪造型。

植物景观设计：大叶黄杨 + 小叶黄杨﹣藤本月季﹣美女樱

点评：花园西侧是休闲花架，花架采用白色和灰绿色相互搭配，能够彰显出业主的年轻和活力。花架的格栅不仅让花园内容更加丰富、有感染力，也能够增强花园西侧的私密性。花架下为高 150mm 的木平台，平台的抬高让整个花园层次变化丰富，也很好地区分了花园空间。

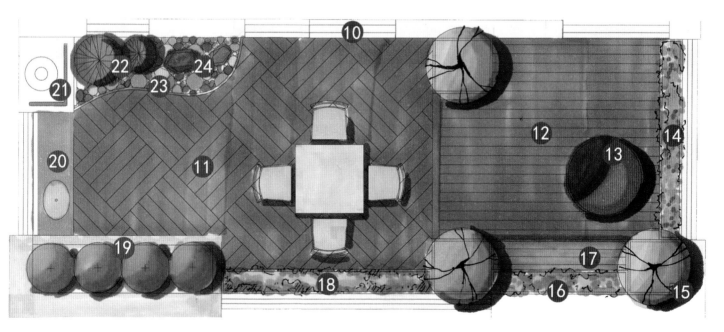

⑩ 入花园门	⑭ 爬藤植物种植箱	⑱ 小叶黄杨绿篱	㉒ 植物盆栽
⑪ 花园休闲区	⑮ 花架	⑲ 砌筑花池	㉓ 机制石散置
⑫ 木质休闲平台	⑯ 木质花箱	⑳ 操作台	㉔ 自然式景石组合
⑬ 可移动式秋千	⑰ 木质座椅	㉑ 格栅装饰	

北花园平面图

点评：花园东侧考虑到业主使用方便，设计了操作台，能够洗洗水果、蔬菜，让这个不大的阳台也能充满温馨的生活气息。